福建省中等职业学校学业水平考试

经济与管理基础
配套练习卷

中职经济与管理编写组　编

图书在版编目(CIP)数据

经济与管理基础配套练习卷／中职经济与管理编写组编.-- 北京：北京理工大学出版社，2025.7.
ISBN 978-7-5763-5681-6
Ⅰ.F2-44
中国国家版本馆CIP数据核字第2025AT1319号

版权专有　侵权必究

责任编辑：封　雪　　**文案编辑**：封　雪
责任校对：周瑞红　　**责任印制**：施胜娟

出版发行 / 北京理工大学出版社有限责任公司
社　　址 / 北京市丰台区四合庄路6号
邮　　编 / 100070
电　　话 / (010) 68914026（教材售后服务热线）
　　　　　　(010) 63726648（课件资源服务热线）
网　　址 / http://www.bitpress.com.cn

版 印 次 / 2025年7月第1版第1次印刷
印　　刷 / 定州市新华印刷有限公司
开　　本 / 889 mm×1194 mm　1/8
印　　张 / 18
字　　数 / 430千字
定　　价 / 62.00元

图书出现印装质量问题，请拨打售后服务热线，负责调换

前　言

随着福建省中等职业学校学业水平考试制度的不断完善与深化，对经济学、管理学学科的教学要求也日益提高。为了更好地适应考试需求，辅助学生深入理解和掌握课程的核心内容，我们特编写了这本《经济与管理基础配套练习卷》。

本练习卷紧密围绕 2024 年 9 月发布的福建省中等职业学校学业水平考试《经济与管理基础》科目考试说明，以及配套教材《经济与管理基础（全两册）》的知识体系进行精心设计，旨在帮助学生巩固教材中的经济学基础与管理学基础知识点，提升学习效果，同时为教师提供一套系统、全面的测验与考试参考材料。

本练习卷共分为四大部分：

1. 单元测试卷：涵盖经济学基础与管理学基础各章节的 A、B 两套测试卷，帮助学生分阶段掌握基础知识。

2. 阶段测试卷：按学业水平考试的题型和分值标准编排，帮助学生检验阶段性学习成果。

3. 综合测试卷：涵盖整本教材的全部知识点，模拟真实考试环境，提升学生综合应用能力。

4. 模拟测试卷：完全模拟福建省学业水平考试的题型和难度，帮助学生熟悉考试流程与题型。

在编写过程中，我们紧密结合学业水平考试的题型和分值标准，科学设计练习内容，确保练习的针对性和实用性；注重试题的全面性、重点突出和深入浅出，力求使每一道习题都能发挥其最大的学习价值。同时，我们也充分考虑了教学规律和人才培养要求，通过循序渐进的试卷编排，引导学生逐步深入，从基础知识到综合应用，全面提升学生的经济与管理基础素养。

本练习卷的编写得到了多位一线教师的支持与建议，我们在此表示衷心感谢。同时，我们也参考了相关教材和学术资料，力求内容的准确性与权威性。希望本练习卷能为广大中职学生的学习与备考提供有力帮助，助力他们在学业水平考试中取得优异成绩。

由于编写团队水平有限，书中难免存在不足之处，恳请广大师生和读者提出宝贵意见，以便我们不断完善。

经济与管理基础编写组

目　录

【经济学基础】第一章单元测试 A 卷　(1—4)
【经济学基础】第一章单元测试 B 卷　(1—4)
【经济学基础】第二章单元测试 A 卷　(1—4)
【经济学基础】第二章单元测试 B 卷　(1—4)
【经济学基础】第三章单元测试 A 卷　(1—4)
【经济学基础】第三章单元测试 B 卷　(1—4)
【经济学基础】第四章单元测试 A 卷　(1—4)
【经济学基础】第四章单元测试 B 卷　(1—4)
【管理学基础】第一章单元测试 A 卷　(1—4)
【管理学基础】第一章单元测试 B 卷　(1—4)
【管理学基础】第二章单元测试 A 卷　(1—4)
【管理学基础】第二章单元测试 B 卷　(1—4)
【管理学基础】第三章单元测试 A 卷　(1—4)
【管理学基础】第三章单元测试 B 卷　(1—4)
【管理学基础】第四章单元测试 A 卷　(1—4)
【管理学基础】第四章单元测试 B 卷　(1—4)
【管理学基础】第五章单元测试 A 卷　(1—4)
【管理学基础】第五章单元测试 B 卷　(1—4)
【管理学基础】第六章单元测试 A 卷　(1—4)
【管理学基础】第六章单元测试 B 卷　(1—4)

【经济学基础】第一、二章阶段测试卷　(1—2)
【经济学基础】第三、四章阶段测试卷　(1—2)
【管理学基础】第一、二、三章阶段测试卷　(1—4)
【管理学基础】第四、五、六章阶段测试卷　(1—4)
【经济学基础】综合测试卷（一）　(1—4)
【经济学基础】综合测试卷（二）　(1—2)
【经济学基础】综合测试卷（三）　(1—2)
【管理学基础】综合测试卷（一）　(1—4)
【管理学基础】综合测试卷（二）　(1—4)
【管理学基础】综合测试卷（三）　(1—4)
经济与管理基础模拟试卷（一）　(1—4)
经济与管理基础模拟试卷（二）　(1—4)
经济与管理基础模拟试卷（三）　(1—4)
经济与管理基础模拟试卷（四）　(1—4)
经济与管理基础模拟试卷（五）　(1—4)
经济与管理基础模拟试卷（六）　(1—4)
经济与管理基础模拟试卷（七）　(1—4)
经济与管理基础模拟试卷（八）　(1—4)

【经济学基础】第一章单元测试 A 卷

注意事项：

1. 本卷共 100 分，分为试卷和答题卡两部分，考生必须在答题卡上作答，作答在试卷上无效。

2. 作答前务必将自己的姓名和准考证号准确清晰地填写在试卷和答题卡的指定位置。

3. 考试结束时，须将试卷和答题卡一并交回。

一、单项选择题（本大题共 20 小题，每小题 2 分，共 40 分。在每小题列出的四个备选项中只有一个是符合题目要求的，请选出并将答题卡上对应的答案代码涂黑，错涂、多涂或未涂均不得分。）

1. 在影响需求的基本因素中，最关键的是该商品的（　　）。
   A. 替代品的价格　　　　　　　B. 消费者偏好
   C. 商品价格　　　　　　　　　D. 预期

2. 均衡价格的形成是（　　）。
   A. 生产者生产的结果　　　　　B. 消费者消费的结果
   C. 政府指令性下达的结果　　　D. 供求双方自发调节的结果

3. 钢笔和圆珠笔互为（　　）。
   A. 互补品　　　　　　　　　　B. 替代品
   C. 低档物品　　　　　　　　　D. 没有关系

4. 在其他条件不变的情况下，酸奶的价格上涨，导致酸奶需求量减少，这属于（　　）。
   A. 需求量变动　　　　　　　　B. 需求变动
   C. 需求曲线的旋转　　　　　　D. 需求曲线的平移

5. 消费者预期鸡蛋未来价格要下降，则对鸡蛋当前需求会（　　）。
   A. 增加　　　　　　　　　　　B. 减少
   C. 不变　　　　　　　　　　　D. 不能确定

6. 以下不属于影响供给的因素是（　　）。
   A. 消费者偏好　　　　　　　　B. 生产成本
   C. 预期　　　　　　　　　　　D. 国家政策

7. 在其他条件不变的情况下，某种商品自身的价格与其供给的变动（　　）。
   A. 没有直接联系　　　　　　　B. 呈正方向变化
   C. 呈反方向变化　　　　　　　D. 先呈正方向变化，后呈反方向变化

8. 以下导致某种商品的供给曲线向左平移的情况是（　　）。
   A. 该商品价格上升　　　　　　B. 生产技术提高
   C. 生产成本增加　　　　　　　D. 消费者偏好增强

9. 电脑供给量沿着其供给曲线运动，是因为（　　）。
   A. 商品本身价格变化　　　　　B. 替代品价格变化
   C. 互补品价格变化　　　　　　D. 生产成本变化

10. 牛肉价格上升一般会引起（　　）。
    A. 消费者多买牛肉　　　　　　B. 消费者少买羊肉
    C. 企业少生产牛肉　　　　　　D. 企业多生产牛肉

11. 均衡价格是（　　）。
    A. 固定不变的价格　　　　　　B. 厂商期望的价格
    C. 供给量和需求量相等时的价格　D. 消费者期望的价格

12. 供给大于需求（供过于求）时，市场价格（　　）。
    A. 在均衡价格之上　　　　　　B. 在均衡价格之下
    C. 等于均衡价格　　　　　　　D. 与均衡价格无关

13. 在炎热的天气下，小鸡的死亡率会上升，从而使新鲜家禽的价格上涨。这种价格上涨是由于家禽（鸡）的（　　）曲线向（　　）移动造成的，它同样会导致均衡数量（　　）。
    A. 需求，右，增加　　　　　　B. 供给，右，增加
    C. 需求，左，减少　　　　　　D. 供给，左，减少

14. 如果供给不变，国货潮渐盛使国内某品牌服装需求大幅增加，则（　　）。
    A. 均衡价格不变，均衡数量上升　B. 均衡价格上升，均衡数量不变
    C. 均衡价格上升，均衡数量上升　D. 均衡价格上升，均衡数量下降

15. 限制价格是政府为了限制某商品价格上涨而对该产品规定的（　　）均衡价格的（　　）。
    A. 高于，最高限价　　　　　　B. 高于，最低限价

— 1 —

C. 低于，最高限价　　　　　　　　D. 低于，最低限价

16. 若价格上涨10%，使消费者需求减少1%，则该商品的需求价格弹性属于(　　)。
   A. 富有弹性　　　　　　　　　　B. 单位弹性
   C. 缺乏弹性　　　　　　　　　　D. 无弹性

17. 下列需求收入弹性最大的商品是(　　)。
   A. 笔记本电脑　　　　　　　　　B. 大米
   C. 奶茶　　　　　　　　　　　　D. 钻石

18. 下列适用于"薄利多销"或"降价促销"定价策略的商品是(　　)。
   A. 食盐　　　　　　　　　　　　B. 手机
   C. 大米　　　　　　　　　　　　D. 小麦

19. 当某商品的价格变动为1%时，其供给量的相对变动超过1%，这说明该商品的供给(　　)。
   A. 富有弹性　　　　　　　　　　B. 单位弹性
   C. 缺乏弹性　　　　　　　　　　D. 无弹性

20. 影响供给价格弹性的因素不包括(　　)。
   A. 时间　　　　　　　　　　　　B. 生产者调整供给量的难易度
   C. 生产者所使用的生产技术类型　　D. 商品可替代的程度

二、判断选择题(本大题共20小题，每小题1分，共20分。判断下列各小题正误，正确的请将答题卡上对应题目的答案代码"A"涂黑，错误的请将答题卡上对应题目的答案代码"B"涂黑。未涂、错涂或多涂均不得分。)

21. 市场需求是指在一定时间内、一定价格条件下和一定市场上，所有的消费者对某种商品或服务愿意而且能够购买的数量。　　　　　　　　　　　　　　　　　(　　)
   A. 正确　　　　　　　　　　　　B. 错误

22. 如果羊排降价，对牛排的需求就会增加。　　　　　　　　　　　　　　(　　)
   A. 正确　　　　　　　　　　　　B. 错误

23. 商品价格的上升使该商品的需求量下降，使其需求曲线向左移动。　　(　　)
   A. 正确　　　　　　　　　　　　B. 错误

24. 对所有商品来说，需求与价格的变动方向都相反，即商品价格提高，则消费者对其需求量就会减少；反之，价格降低，则消费者对其购买量就会增加。　　　(　　)

A. 正确　　　　　　　　　　　　B. 错误

25. 当收入减少会引起对某一种物品的需求量增加时，这种物品就被称为低档物品。
   (　　)
   A. 正确　　　　　　　　　　　　B. 错误

26. 铜铝价格下降了，可以预测冰箱供给曲线将向右移动。　　　　　　　(　　)
   A. 正确　　　　　　　　　　　　B. 错误

27. 如果旅游文创产品的生产者对未来旅游市场的热度持乐观估计，预期旅游文创产品价格将上涨，那么他会选择缩减生产，减少当下旅游文创产品的供应量。　(　　)
   A. 正确　　　　　　　　　　　　B. 错误

28. 不是所有商品的供给量都随价格的上升而增加。　　　　　　　　　　(　　)
   A. 正确　　　　　　　　　　　　B. 错误

29. 在商品价格不变的条件下，生产者的成本增加，利润相应减少，生产者就会减少供给量。　　　　　　　　　　　　　　　　　　　　　　　　　　　　　(　　)
   A. 正确　　　　　　　　　　　　B. 错误

30. 在其他条件不变的情况下，新能源汽车的价格上涨，会引起新能源汽车电池的供给减少。　　　　　　　　　　　　　　　　　　　　　　　　　　　　(　　)
   A. 正确　　　　　　　　　　　　B. 错误

31. 在需求不变的情况下，供给的增加将引起均衡价格上升和均衡数量减少。(　　)
   A. 正确　　　　　　　　　　　　B. 错误

32. 当商品供不应求时，消费者会愿意提高购买价格以获得需求满足。　　(　　)
   A. 正确　　　　　　　　　　　　B. 错误

33. M国多个城市均出台对房租的限制政策，这种做法称为支持价格。　　(　　)
   A. 正确　　　　　　　　　　　　B. 错误

34. 均衡价格和均衡数量由需求或供给单方面决定，两者共同作用不会产生新的均衡价格和数量。　　　　　　　　　　　　　　　　　　　　　　　　　　(　　)
   A. 正确　　　　　　　　　　　　B. 错误

35. 当苹果的价格为每千克5元时，消费者的购买量为500千克。若水果商愿意提供400千克苹果，则5元为苹果的均衡价格。　　　　　　　　　　　　　　(　　)
   A. 正确　　　　　　　　　　　　B. 错误

36. 需求完全有弹性是指商品价格的变化对需求量只有轻微影响。（　）
   A. 正确　　　　　　　　　　B. 错误

37. 缺乏需求价格弹性的商品，其价格与生产者总收益呈同方向变动。（　）
   A. 正确　　　　　　　　　　B. 错误

38. 生活必需品的需求收入弹性比较大。（　）
   A. 正确　　　　　　　　　　B. 错误

39. 文物古董的供给表现为完全无弹性。（　）
   A. 正确　　　　　　　　　　B. 错误

40. 对于需求富有弹性的商品适合采用"降价促销"的销售策略。（　）
   A. 正确　　　　　　　　　　B. 错误

三、名词解释（本大题共 3 小题，每小题 4 分，共 12 分。）

41. 供给规律

42. 需求

43. 均衡价格

四、简答题（本大题共 3 小题，其中 44、45 题每小题 8 分，46 题 12 分，共 28 分。）

44. 何为需求价格弹性？并简述影响需求价格弹性的因素。

45. 简述影响供给量变动的其他因素。

46. 某手机品牌 H 在 2025 年年初发布了一款新型高端智能手机，初始定价为 5 000 元。手机推出市场后，由于技术升级和消费者热情，销量迅速增长。三个月后，该品牌宣布将价格上调至 6 500 元。根据材料，回答以下问题。

（1）指出该款手机价格上调后需求量和供给量的趋势；以及新的市场均衡价格将如何变化。（6分）

（2）如果其他品牌手机厂商也马上推出了相似功能的高端手机，售价为 6 000 元，这对 H 品牌手机的需求会产生什么影响？（6分）

【经济学基础】第一章单元测试 B 卷

注意事项：

1. 本卷共 100 分，分为试卷和答题卡两部分，考生必须在答题卡上作答，作答在试卷上无效。

2. 作答前务必将自己的姓名和准考证号准确清晰地填写在试卷和答题卡的指定位置。

3. 考试结束时，须将试卷和答题卡一并交回。

一、单项选择题（本大题共 20 小题，每小题 2 分，共 40 分。在每小题列出的四个备选项中只有一个是符合题目要求的，请选出并将答题卡上对应的答案代码涂黑，错涂、多涂或未涂均不得分。）

1. 不会使需求曲线移动的因素是（　　）。
   A. 消费者偏好变化　　　　　　B. 商品价格下降
   C. 相关商品价格下降　　　　　D. 消费者收入变化

2. 当馒头价格上涨后，消费者对烤饼的变化是（　　）。
   A. 需求量下降　　　　　　　　B. 需求量增加
   C. 需求下降　　　　　　　　　D. 需求增加

3. 在某一时期，华为 5G 手机的需求曲线向左平移的原因可以是（　　）。
   A. 消费者对华为 5G 手机的预期价格上升
   B. 华为 5G 手机的价格上升
   C. 消费者对华为 5G 手机的预期价格下降
   D. 消费者的收入水平提高

4. 对低档物品来说，消费者收入增加，消费者的需求将（　　）；相反，收入减少，则会导致需求（　　）。
   A. 增加，增加　　　　　　　　B. 减少，减少
   C. 增加，减少　　　　　　　　D. 减少，增加

5. 在一定时期，手机的替代品价格下降，引起手机的需求变动量为 50 单位；手机的互补品价格上升，引起手机的需求变动量为 90 单位。则共同作用下，手机的需求数量的变化为（　　）。
   A. 增加 40 单位　　　　　　　B. 减少 140 单位
   C. 增加 140 单位　　　　　　 D. 减少 40 单位

6. 某厂商生产巧克力，假设其他因素不变，当价格 P 提高时，厂商的供应量从 Q_1 变为 Q_2。则 Q_1 和 Q_2 之间的关系是（　　）。
   A. $Q_1 > Q_2$　　　　　　　　B. $Q_1 = Q_2$
   C. $Q_1 < Q_2$　　　　　　　　D. Q_1 和 Q_2 的大小不能确定

7. 假定其他因素不变，价格上升，供给增长，价格下降，供给减少，这种变动表现为（　　）。
   A. 供给曲线发生移动　　　　　B. 需求曲线发生移动
   C. 供给沿供给曲线变动　　　　D. 需求沿需求曲线变动

8. 关于供给量的变化与供给的变化，下列选项中属于供给量的变化的是（　　）。
   A. 羽绒服到了夏季供给量减少
   B. 国产手机企业预计手机在未来会涨价而增产
   C. 汽车企业进行技术改造，导致汽车供给量大增
   D. 牛奶的价格下降导致供给量减少

9. 在得出某棉花种植农户的供给曲线时，下列除（　　）和供给量因素以外其余均保持为常数。
   A. 土壤的肥沃程度　　　　　　B. 棉花的种植面积
   C. 棉花种植的技术水平　　　　D. 棉花的价格

10. 下列事件中使产品 X 的供给增加的是（　　）。
    A. 生产 X 的技术有重大革新
    B. 在产品 X 的行业内，厂商数目减少
    C. 产品 X 的一项原材料因为天灾导致短缺
    D. 产品 X 的价格上升

11. 假设某商品的需求曲线为 $Q=3-9P$，市场上该商品的均衡价格为 4，那么当该商品的供给曲线不变，需求曲线变为 $Q=5-9P$ 后，均衡价格将（　　）。
    A. 小于 4　　　　　　　　　　B. 等于 4
    C. 大于 4　　　　　　　　　　D. 无法判断

12. 支持价格是政府为了支持某一行业发展而对该行业规定的（　　）均衡价格的（　　）。
    A. 高于，最高限价　　　　　　B. 高于，最低限价
    C. 低于，最高限价　　　　　　D. 低于，最低限价

13. 在需求和供给同时减少的情况下，将出现（　　）。
    A. 均衡价格下降，均衡产量减少　　B. 均衡价格下降，均衡产量无法确定
    C. 均衡价格无法确定，均衡产量减少　D. 均衡价格上升，均衡产量减少

— 1 —

14. 如果现行价格(　　)均衡价格,市场上就会出现短缺,结果造成超额(　　)。
   A. 低于,需求　　　　　　　　　B. 低于,供给
   C. 高于,需求　　　　　　　　　D. 高于,供给

15. 如果 A 是正常商品,那么消费者收入增加时,对 A 的需求将(　　)。
   A. 减少,从而均衡价格下降,均衡数量减少
   B. 减少,从而均衡价格下降,均衡数量增加
   C. 增加,从而均衡价格上升,均衡数量减少
   D. 增加,从而均衡价格上升,均衡数量增加

16. 以下商品中需求价格弹性最小的是(　　)。
   A. 笔记本电脑　　　　　　　　B. 大米
   C. 奶茶　　　　　　　　　　　D. 钻石

17. 已知某种商品的需求是富有弹性的,在其他条件不变的情况下,生产者要想获得更多的收益,应该(　　)。
   A. 加大销售量　　　　　　　　B. 保持价格不变
   C. 适当降低价格　　　　　　　D. 适当提高价格

18. 下列能使某产品的需求越发缺乏价格弹性的条件是(　　)。
   A. 产品的价格越高
   B. 花费在该产品上的支出占总支出的百分比越大
   C. 该产品越奢侈
   D. 该产品越没有相近的替代品

19. 下列各组商品中,需求交叉弹性大于零的是(　　)。
   A. 衣服和打火机　　　　　　　B. 出国旅游和数学课本
   C. 网球和网球拍　　　　　　　D. 牛肉和羊肉

20. 根据供求理论,农业技术进步倾向于(　　)。
   A. 减少农民收益,因为农产品的需求缺乏弹性
   B. 减少农民收益,因为农产品的需求富有弹性
   C. 增加农民收益,因为农产品的需求缺乏弹性
   D. 增加农民收益,因为农产品的需求富有弹性

二、判断选择题(本大题共 20 小题,每小题 1 分,共 20 分。判断下列各小题正误,正确的请将答题卡上对应题目的答案代码"A"涂黑,错误的请将答题卡上对应题目的答案代码"B"涂黑。未涂、错涂或多涂均不得分。)

21. 替代品价格变化,引起其相关商品需求量在某条需求曲线上移动。　　　　(　　)
   A. 正确　　　　　　　　　　　B. 错误

22. 消费者对某种商品偏好的改变,将导致该商品的需求量的变动。　　　　(　　)
   A. 正确　　　　　　　　　　　B. 错误

23. 一般而言,政府的政策不会影响消费者对商品的需求量。　　　　　　　(　　)
   A. 正确　　　　　　　　　　　B. 错误

24. 服装与布、茶和咖啡、高尔夫球与高尔夫球杆均属于消费中的互补品。　(　　)
   A. 正确　　　　　　　　　　　B. 错误

25. 炫耀性商品的需求量和价格之间的关系不符合需求规律。　　　　　　　(　　)
   A. 正确　　　　　　　　　　　B. 错误

26. 在其他条件不变时,相关产品的价格上升会促使某产品的供给增加。　　(　　)
   A. 正确　　　　　　　　　　　B. 错误

27. 文物的供给曲线是一条水平的直线。　　　　　　　　　　　　　　　　(　　)
   A. 正确　　　　　　　　　　　B. 错误

28. 劳动作为一种商品,其供给量随着劳动者工资水平的增加呈现出先上升后下降的趋势。
   　　　　　　　　　　　　　　　　　　　　　　　　　　　　　　　　(　　)
   A. 正确　　　　　　　　　　　B. 错误

29. 影响供给的基本因素包括产品价格、生产成本、生产技术以及广告宣传程度。
   　　　　　　　　　　　　　　　　　　　　　　　　　　　　　　　　(　　)
   A. 正确　　　　　　　　　　　B. 错误

30. 蔬菜的供给量增加是指由于人们对蔬菜的需求量增加而引起的增加。　　(　　)
   A. 正确　　　　　　　　　　　B. 错误

31. 在均衡价格时,消费者愿意而且能够购买的物品量正好与生产者愿意并且能够出售的数量相平衡。　　　　　　　　　　　　　　　　　　　　　　　　(　　)
   A. 正确　　　　　　　　　　　B. 错误

32. 在某商品需求不变的条件下,其供给的增加将引起均衡价格的增加和均衡数量的减少。　　　　　　　　　　　　　　　　　　　　　　　　　　　　　(　　)
   A. 正确　　　　　　　　　　　B. 错误

33. 某商品的需求函数为 $Q_d=12-2P$,供给函数为 $Q_s=2P$,则市场均衡时的均衡价格为 6,均衡数量为 3。　　　　　　　　　　　　　　　　　　　　　(　　)
   A. 正确　　　　　　　　　　　B. 错误

34. 需求增加和供给减少必会导致商品的均衡价格提高,但对均衡数量的影响是不确定的。　　　　　　　　　　　　　　　　　　　　　　　　　　　　　(　　)
   A. 正确　　　　　　　　　　　B. 错误

35. 汽油价格上升和汽车生产成本下降,会使汽车的均衡价格下降、均衡产量上升。
   　　　　　　　　　　　　　　　　　　　　　　　　　　　　　　　　(　　)

A. 正确　　　　　　　　　　　　　B. 错误

36. "薄利多销"是指由于需求量增加的幅度小于价格下降幅度，从而总收益增加。
(　　)

　　A. 正确　　　　　　　　　　　　　B. 错误

37. 奢侈品的需求收入弹性大于1。(　　)

　　A. 正确　　　　　　　　　　　　　B. 错误

38. 病人对药品的需求价格弹性系数小于1。(　　)

　　A. 正确　　　　　　　　　　　　　B. 错误

39. 汽车和汽油的需求交叉价格弹性系数大于0。(　　)

　　A. 正确　　　　　　　　　　　　　B. 错误

40. 生产某商品的生产技术越复杂，生产周期越长，该商品的供给价格弹性就越大。
(　　)

　　A. 正确　　　　　　　　　　　　　B. 错误

三、名词解释(本大题共3小题，每小题4分，共12分。)

41. 供给

42. 需求规律

43. 需求价格弹性

四、简答题(本大题共3小题，其中44、45题每小题8分，46题12分，共28分。)

44. 简述供给量的变动与供给的变动的区别。

45. 简述需求曲线的特例情况。

46. 某农场主种植小麦，其供给量与小麦市场价格之间的关系如下：当市场价格为每千克 4 元时，农场主愿意供给 1 000 千克；当市场价格上升至每千克 5 元时，农场主愿意供给 1 500 千克。根据材料，回答以下问题。

(1) 请描述出小麦的供给量与市场价格之间的关系；并分析如果市场价格上升至每千克 6 元的话，农场主的供给量会有何变化。(6 分)

(2) 假设其他农场主的供给行为与该农场主相似，市场价格上升对市场总供给量有何影响？(6 分)

【经济学基础】第二章单元测试 A 卷

注意事项：

1. 本卷共 100 分，分为试卷和答题卡两部分，考生必须在答题卡上作答，作答在试卷上无效。

2. 作答前务必将自己的姓名和准考证号准确清晰地填写在试卷和答题卡的指定位置。

3. 考试结束时，须将试卷和答题卡一并交回。

一、单项选择题（本大题共 20 小题，每小题 2 分，共 40 分。在每小题列出的四个备选项中只有一个是符合题目要求的，请选出并将答题卡上对应的答案代码涂黑，错涂、多涂或未涂均不得分。）

1. 以下属于边际效用情况的是（　　）。
   A. 小新喝了三杯咖啡后不想再喝了
   B. 小新喝了两杯咖啡，共获得了 25 个效用单位的满足
   C. 小新喝了第二杯咖啡，满足程度从 10 个效用单位增加到 15 个效用单位
   D. 小新喝了两杯咖啡，平均每杯咖啡给他带来的满足感为 12.5 个效用单位

2. 某消费者对商品 A 的偏好大于对商品 B 的，原因是（　　）。
   A. 商品 A 的价格最低
   B. 商品 A 对该消费者的效用最大
   C. 商品 A 稀缺
   D. 商品 A 有多种用途

3. 若某消费者消费两单位某物品之后，再消费第三单位该物品的边际效用为零，则此时（　　）。
   A. 消费者获得的总效用最大
   B. 消费者获得了最大平均效用
   C. 消费者获得的总效用最小
   D. 消费者所获得的总效用为负

4. 无差异曲线的一般形状反映（　　）。
   A. 消费者的收入
   B. 消费者的偏好
   C. 所购商品的价格
   D. 所购商品的供求关系

5. 同一条无差异曲线上的不同点表示（　　）。
   A. 所消费的两种商品的数量组合相同，带来的效用水平也相同
   B. 所消费的两种商品的数量组合相同，但带来的效用水平不同
   C. 所消费的两种商品的数量组合不同，但带来的效用水平相同
   D. 所消费的两种商品的数量组合不同，带来的效用水平也不同

6. 人们常说"多多益善"，从经济学角度，这是指随着所消费的商品数量增多（　　）。
   A. 总效用递增
   B. 边际效用递增
   C. 总效用递减
   D. 边际效用递减

7. 如果消费者消费 15 个面包获得的总效用是 100 个效用单位，消费 16 个面包获得的总效用是 108 个效用单位，则第 16 个面包的边际效用是（　　）。
   A. 100 个
   B. 108 个
   C. 1 个
   D. 8 个

8. 下列关于消费者欲望错误的论述是（　　）。
   A. 消费源于消费者的欲望，欲望源于人的内在生理和心理的本性
   B. 欲望即"需要而没有"，指一个人想要但还没有得到某种东西的一种心理感觉
   C. 一种欲望得到满足，更高层次的欲望也会随之产生
   D. 随着对某一特定商品消费数量增多，人对该商品的欲望也会增加

9. 以下不属于消费者偏好假设的是（　　）。
   A. 饱和性
   B. 多样性
   C. 传递性
   D. 次序性

10. 当小红想要购买 3 份薯条时，她必须放弃购买 2 个汉堡，则薯条对汉堡的边际替代率为（　　）。
    A. $\frac{3}{2}$
    B. $\frac{2}{3}$
    C. 2
    D. 3

11. 消费者的预算约束线与坐标轴的截距和斜率由（　　）决定。
    A. 消费者的偏好
    B. 消费者的收入和商品的价格
    C. 消费者的收入
    D. 消费者的偏好、收入和商品的价格

12. 消费者的收入不变，两种商品的价格同比例、同方向变动，消费预算线（　　）。
    A. 平移
    B. 绕着一点转动
    C. 不变动
    D. 不能确定

13. 边际替代率也可以表示为两种商品的（　　）。
    A. 总效用之比
    B. 平均效用之比
    C. 边际效用之比
    D. 价格之比

14. 若 X 商品对 Y 商品的边际替代率 $MRS_{X,Y} = -\frac{\Delta Q_X}{\Delta Q_Y} = 2$，这意味着消费者愿意放弃（　　）单位 X 而获得一单位 Y。
    A. $\frac{1}{2}$
    B. 1
    C. 2
    D. 3

15. 当某消费者对 X 商品的偏好高于 Y 商品，是因为（　　）。
    A. 商品 X 的效用大
    B. 商品 X 的价格低

— 1 —

C. 商品 X 稀缺　　　　　　　　　D. 商品 X 更满足精神需要

16. 某消费者逐渐增加某种商品的消费量，直至达到了效用最大化，在这个过程中，该商品的(　　)。
   A. 总效益和边际效用不断增加　　B. 总效用不断增加，边际效用不断下降
   C. 总效益和边际效用同时下降　　D. 总效用不断下降，边际效用不断增加

17. 边际替代率代表了(　　)。
   A. 消费者花在两种商品上的货币总额
   B. 消费两种商品的价格比率
   C. 在保持消费者效用不变的情况下，增加一种商品消费时愿意放弃的另一种商品的数量
   D. 为了提高效用，消费者增加一些商品时愿意放弃的另一种商品的数量

18. 根据序数效用理论，消费者均衡是(　　)。
   A. 无差异曲线与预算约束线的相切之点
   B. 无差异曲线与预算约束线的相交之点
   C. 离原点最远的无差异曲线上的任何一点
   D. 离原点最近的预算约束线上的任何一点

19. 若小王消费橙汁和红茶时的边际替代率 $MRS = -\dfrac{\Delta Q_{橙汁}}{\Delta Q_{红茶}} = \dfrac{1}{4}$，则下列说法中正确的是(　　)。
   A. 橙汁价格为 4，红茶价格为 1 时，小王获得最大效用
   B. 橙汁价格为 2，红茶价格为 8 时，小王获得最大效用
   C. 橙汁价格为 4，红茶价格为 1 时，小王应增加橙汁的消费
   D. 橙汁价格为 2，红茶价格为 8 时，小王应增加橙汁的消费

20. 预算约束线上每一点代表的商品数量组合(　　)。
   A. 相同　　　　　　　　　　　　B. 在某些场合下相同
   C. 不同　　　　　　　　　　　　D. 以上都有可能

二、判断选择题(本大题共 20 小题，每小题 1 分，共 20 分。判断下列各小题正误，正确的请将答题卡上对应题目的答案代码"A"涂黑，错误的请将答题卡上对应题目的答案代码"B"涂黑。未涂、错涂或多涂均不得分。)

21. 效用是消费者的一种主观心理感受，有客观的、统一的衡量标准。(　　)
   A. 正确　　　　　　　　　　　　B. 错误

22. 小红正在吃冰激凌，假设第一个冰激凌给小红带来的边际效用是 10 个单位，那么小红吃第三个冰激凌的边际效用可能是 −5 个单位。(　　)
   A. 正确　　　　　　　　　　　　B. 错误

23. 只要总效用是正数，边际效用就不可能是负数。(　　)
   A. 正确　　　　　　　　　　　　B. 错误

24. 在消费者的收入和商品的价格一定的条件下，预算约束线是一条确定的直线。(　　)
   A. 正确　　　　　　　　　　　　B. 错误

25. 互为完全互补品的无差异曲线是向右下方倾斜的直线。(　　)
   A. 正确　　　　　　　　　　　　B. 错误

26. 在同等条件下，消费者认为不同商品的组合比只拥有一种商品要好，体现的是消费者偏好的非饱和性。(　　)
   A. 正确　　　　　　　　　　　　B. 错误

27. 商品的边际替代率递减规律反映出了两种商品对消费者而言稀缺程度的相对变动，同时也保证了无差异曲线凹向原点。(　　)
   A. 正确　　　　　　　　　　　　B. 错误

28. 消费者对某个物品没有欲望，那么消费该物品就不会带来效用。(　　)
   A. 正确　　　　　　　　　　　　B. 错误

29. 离原点越近的无差异曲线，消费者的偏好程度越高。(　　)
   A. 正确　　　　　　　　　　　　B. 错误

30. 无差异曲线一定是一条向右下方倾斜的直线。(　　)
   A. 正确　　　　　　　　　　　　B. 错误

31. 同样一种商品的效用将因人、因地、因时的不同而不同。(　　)
   A. 正确　　　　　　　　　　　　B. 错误

32. 序数效用论认为，消费者对任意两个商品组合都能进行排序。(　　)
   A. 正确　　　　　　　　　　　　B. 错误

33. 消费者剩余是消费者获得的净福利，意味着消费者实际收入的增加。(　　)
   A. 正确　　　　　　　　　　　　B. 错误

34. 消费者根据自己的意愿对可供消费的商品或商品组合进行排序，这就是消费者的偏好。(　　)
   A. 正确　　　　　　　　　　　　B. 错误

35. 一般来说，边际效用的大小与欲望的强弱成反比、与消费量的多少成正比。(　　)
   A. 正确　　　　　　　　　　　　B. 错误

36. 在无差异曲线的平面坐标图中，有无数条无差异曲线。(　　)
   A. 正确　　　　　　　　　　　　B. 错误

37. 在同一条预算约束线上,两种商品的价格是不变的。（ ）
   A. 正确 B. 错误
38. 抽烟不利于健康,因而香烟是没有效用的。（ ）
   A. 正确 B. 错误
39. 基数效用论的分析方法包括边际效用分析方法和无差异曲线分析方法。（ ）
   A. 正确 B. 错误
40. 若消费者低于他的预算约束线消费,说明此时消费者已经处于均衡状态。（ ）
   A. 正确 B. 错误

三、名词解释(本大题共 3 小题,每小题 4 分,共 12 分。)

41. 边际效用

42. 边际替代率

43. 预算约束线

四、简答题(本大题共 3 小题,其中 44、45 题每小题 8 分,46 题 12 分,共 28 分。)

44. 简述无差异曲线的特征。

45. 根据基数效用理论,简述边际效用与总效用的关系。

46. 中国传统文化中也蕴含着不少经济学理论和思想。比如，《增广贤文》中有这样两句话："渴时一滴如甘露，醉后添杯不如无。"它的意思是说，人们在干渴时，喝上一滴水会让人觉得如同甘露一般甜；而在醉酒时，再往杯子里倒酒还不如没有。根据材料，回答以下问题。

(1) 请说明"渴时一滴如甘露，醉后添杯不如无"所蕴含的经济学原理，并结合材料简单解释该原理；(8分)

(2) 在现实中能够体现上述原理的生活实例很多，请列出一个例子。(4分)

【经济学基础】第二章单元测试 B 卷

注意事项：

1. 本卷共 100 分，分为试卷和答题卡两部分，考生必须在答题卡上作答，作答在试卷上无效。
2. 作答前务必将自己的姓名和准考证号准确清晰地填写在试卷和答题卡的指定位置。
3. 考试结束时，须将试卷和答题卡一并交回。

一、单项选择题（本大题共 20 小题，每小题 2 分，共 40 分。在每小题列出的四个备选项中只有一个是符合题目要求的，请选出并将答题卡上对应的答案代码涂黑，错涂、多涂或未涂均不得分。）

1. 如果甲消费 5 个蛋糕获得的总效用是 100 个效用单位，消费 6 个蛋糕获得的总效用是 110 个效用单位，则第 6 个蛋糕的边际效用是（　　）。
   A. 20 个效用单位　　　　　　　　B. 110 个效用单位
   C. 10 个效用单位　　　　　　　　D. 100 个效用单位

2. 当总效用增加时，边际效用应该（　　）。
   A. 为正值，且不断增加　　　　　　B. 为正值，但不断减少
   C. 为负值，且不断减少　　　　　　D. 无法确定

3. 对于一种商品，消费者得到了最大满足，这意味着（　　）。
   A. 边际效用为零　　　　　　　　　B. 总效用为零
   C. 边际效用最大　　　　　　　　　D. 总效用为正

4. 下列关于效用论的说法中，不正确的是（　　）。
   A. 效用可以用基数来衡量　　　　　B. 效用可以用序数来衡量
   C. 边际效用分析法属于基数效用论　D. 无差异曲线分析法属于基数效用论

5. 一个消费者买第一瓶牛奶愿意支付 8 元，买第二瓶愿意支付 6 元，买第三瓶愿意支付 3 元，牛奶的售价是 5 元，则消费者的最大剩余是（　　）。
   A. 1　　　　　　　　　　　　　　B. 2
   C. 3　　　　　　　　　　　　　　D. 4

6. 如果无差异曲线是直角形状，就说明（　　）。
   A. 消费者对两种商品的主观评价是替代品
   B. 消费者对两种商品的主观评价是互补品
   C. 消费者对两种商品的主观评价是完全替代品
   D. 消费者对两种商品的主观评价是完全互补品

7. 某消费者逐渐增加对饺子的消费量，在这个过程中，该商品的（　　）。
   A. 总效用和边际效用不断增加　　　B. 总效用先增后减，边际效用不断下降
   C. 总效用和边际效用同时下降　　　D. 总效用不断下降，边际效用不断增加

8. 小红的偏好满足多样化原则，认为两个商品组合(5,5) 和(7,4) 一样好，那么下列商品组合中肯定比商品组合(5,5) 好的是（　　）。
   A. (5,4)　　　　　　　　　　　　B. (6,4)
   C. (6,4.5)　　　　　　　　　　　D. (4,5)

9. 当无差异曲线为一条向右下方倾斜、斜率不变的直线时，表明组合的两种商品是（　　）。
   A. 互为完全替代品　　　　　　　　B. 互为完全互补品
   C. 互补相关　　　　　　　　　　　D. 无法判断

10. 若消费者的收入不变，其中一种商品的价格发生变动，则消费预算线（　　）。
    A. 平移　　　　　　　　　　　　　B. 绕着一点转动
    C. 不变动　　　　　　　　　　　　D. 不能确定

11. 根据序数效用论，消费者均衡的条件是（　　）。
    A. $\dfrac{MU_X}{P_X} > \dfrac{MU_Y}{P_Y}$　　　　　　B. $\dfrac{MU_X}{P_X} < \dfrac{MU_Y}{P_Y}$
    C. $\dfrac{MU_X}{P_X} = \dfrac{MU_Y}{P_Y}$　　　　　　D. $MU = 0$

12. 假定甲对 X 和 Y 的偏好是既定的，现在甲有 100 元货币，准备全部用于购买 X 和 Y 两种商品。根据消费者均衡，甲会选择购买（　　）。
    A. 6 个 X 和 8 个 Y，总效用为 18　B. 7 个 X 和 6 个 Y，总效用为 17
    C. 5 个 X 和 10 个 Y，总效用为 15　D. 8 个 X 和 4 个 Y，总效用为 13

13. 下列关于无差异曲线的描述中正确的是（　　）。
    A. 无差异曲线可以相交
    B. 无差异曲线向右上方倾斜，并凸向原点
    C. 在收入增加时曲线先向右移动
    D. 离原点越远的曲线消费者的偏好程度越高

14. 当食堂出售的鸡腿免费，理性的小张对鸡腿的消费达到最大时，鸡腿对他的边际效用为（　　）。
    A. 正，总效用不断增加　　　　　　B. 负，总效用不断下降
    C. 零，总效用最大　　　　　　　　D. 不确定，总效用不断下降

15. 以下关于边际替代率的描述中正确的是(　　)。
    A. 用 MS 表示　　　　　　　　　B. 等于无差异曲线斜率的绝对值
    C. 具有递增的趋势　　　　　　　D. 等于两种商品的价格之比

16. 某个消费者的效用函数为 $U=X+Y$，则下列商品组合在同一条差异曲线上的是(　　)。
    A. $X=10$，$Y=10$ 和 $X=8$，$Y=10$
    B. $X=10$，$Y=10$ 和 $X=8$，$Y=12$
    C. $X=8$，$Y=18$ 和 $X=9$，$Y=10$
    D. $X=9$，$Y=10$ 和 $X=11$，$Y=7$

17. 若商品 X 对商品 Y 的边际替代率为 $MRS=-\dfrac{\Delta Q_X}{\Delta Q_Y}=\dfrac{1}{5}$，则意味着当消费者有更多的商品 X 时，他愿意放弃(　　)单位 X 而获得 1 单位的 Y。
    A. 1　　　　　　　　　　　　　B. 2
    C. 5　　　　　　　　　　　　　D. 0.2

18. 小王只购买苹果和梨，苹果每斤 5 元，梨每斤 10 元。他每周有 100 元的收入可以花在这两种商品上，当他实现消费者均衡时，苹果对梨的边际替代率为(　　)。
    A. 0.5　　　　　　　　　　　　B. 2
    C. 20　　　　　　　　　　　　　D. 40

19. 给定某消费者的一条预算约束线，如果所消费两种商品的价格不变，而收入增加，那么这条预算约束线将会(　　)。
    A. 向右移动，但不是平移　　　　B. 向右平移
    C. 向左平移　　　　　　　　　　D. 不变动

20. 当其他不变，商品 X 和 Y 的价格按相同的比率下降时，预算约束线(　　)。
    A. 向左平移　　　　　　　　　　B. 不变动
    C. 向右平移　　　　　　　　　　D. 绕着一点转动

二、判断选择题(本大题共 20 小题，每小题 1 分，共 20 分。判断下列各小题正误，正确的请将答题卡上对应题目的答案代码"A"涂黑，错误的请将答题卡上对应题目的答案代码"B"涂黑。未涂、错涂或多涂均不得分。)

21. 如果边际效用递减，则总效用相应下降。　　　　　　　　　　(　　)
    A. 正确　　　　　　　　　　　　B. 错误

22. 预算约束线表示在收入和商品价格既定的条件下，消费者用全部收入所能购买的产品或服务的最大组合数量。　　　　　　　　　　　　　　　　　(　　)
    A. 正确　　　　　　　　　　　　B. 错误

23. 效用是人的心理感受，它既不可以比较，也不可以度量。　　(　　)
    A. 正确　　　　　　　　　　　　B. 错误

24. 对理性人来说，当某物品的边际效用已降至零时，他不会再增加该物品的消费。　　　　　　　　　　　　　　　　　　　　　　　　　　　　　(　　)
    A. 正确　　　　　　　　　　　　B. 错误

25. 用商品 X 代替商品 Y 的边际替代率为 3，意味着 1 单位商品 X 和 3 单位商品 Y 具有同样的效用。　　　　　　　　　　　　　　　　　　　　　　(　　)
    A. 正确　　　　　　　　　　　　B. 错误

26. 同一条无差异曲线上的不同点表示效用水平相同，两种商品的组合比例也相同。　　　　　　　　　　　　　　　　　　　　　　　　　　　　　(　　)
    A. 正确　　　　　　　　　　　　B. 错误

27. 同一种商品对不同的人效用也是相同的。　　　　　　　　　(　　)
    A. 正确　　　　　　　　　　　　B. 错误

28. 效用与欲望都是人们的一种主观心理感受，区别在于欲望没有客观标准，而效用有客观标准可衡量。　　　　　　　　　　　　　　　　　　　　　(　　)
    A. 正确　　　　　　　　　　　　B. 错误

29. 某消费者只消费 X，Y 两种商品，若 X，Y 的价格上涨一倍，该消费者的收入也上涨一倍，则他对 X，Y 商品的购买数量保持不变。　　　　　　　(　　)
    A. 正确　　　　　　　　　　　　B. 错误

30. 任意两种商品的边际替代率等于该两种商品的价格之比。　(　　)
    A. 正确　　　　　　　　　　　　B. 错误

31. 在边际产量与平均产量呈现先递增后递减的特征，边际产量递减时必定带来平均产量递减。　　　　　　　　　　　　　　　　　　　　　　　(　　)
    A. 正确　　　　　　　　　　　　B. 错误

32. 消费者偏好不变，对某商品的消费量随着消费者收入的增加而减少，则该商品是低档品。　　　　　　　　　　　　　　　　　　　　　　　　　(　　)
    A. 正确　　　　　　　　　　　　B. 错误

33. 序数效用论认为效用作为一种心理现象虽然无法计量，但是可以加总求和，计算出总效用的大小。　　　　　　　　　　　　　　　　　　　　　(　　)
    A. 正确　　　　　　　　　　　　B. 错误

34. 随着消费商品数量的增加，在边际效用大于零的情况下，消费者得到的总效用就一定增加。　　　　　　　　　　　　　　　　　　　　　　　(　　)
    A. 正确　　　　　　　　　　　　B. 错误

35. 无差异曲线的斜率就是边际效用。　　　　　　　　　　　　(　　)
    A. 正确　　　　　　　　　　　　B. 错误

36. 如果商品 X 和 Y 的边际替代率 $MRS_{XY} > \dfrac{P_X}{P_Y}$。消费者为实现满足最大化，应该增加购买商品 Y，而减少购买商品 X。（   ）
   A. 正确　　　　　　　　　　　　B. 错误

37. 商品的价格不变而消费者的收入增加，消费者预算约束线将向左平移。（   ）
   A. 正确　　　　　　　　　　　　B. 错误

38. 无差异曲线的斜率为固定负数时，表明两种商品是完全互补的。（   ）
   A. 正确　　　　　　　　　　　　B. 错误

39. 商品的边际替代率是在商品的边际效用不变前提下，研究消费者增加一种商品的消费所放弃的另一种商品的消费数量。（   ）
   A. 正确　　　　　　　　　　　　B. 错误

40. 在离原点较远的无差异曲线和离原点较近的无差异曲线之间，消费者更偏好前者。（   ）
   A. 正确　　　　　　　　　　　　B. 错误

三、名词解释（本大题共 3 小题，每小题 4 分，共 12 分。）

41. 总效用

42. 边际效用递减规律

43. 无差异曲线

四、简答题（本大题共 3 小题，其中 44、45 题每小题 8 分，46 题 12 分，共 28 分。）

44. 简述消费者偏好的四个假设。

45. 简述欲望与效用的区别。

46. 周末，乐乐小朋友拿着妈妈奖励他的 50 元去超市买自己喜欢的食品和玩具。经过对比选择，乐乐决定买玩具车和薯片，他看了看两种商品的价格：一辆玩具小车是 10 元，一包薯片是 5 元。一开始，乐乐决定买 1 辆玩具小车和 8 包薯片，但是他想了想又觉得玩具小车太少而薯片太多了，就决定买 2 辆玩具小车和 6 包薯片。忽然，乐乐又想起自己的好朋友可可也喜欢玩玩具车，于是他决定多买 1 辆玩具小车作为礼物送给可可，并用剩下的钱买了 4 包薯片。此时，乐乐再也不想牺牲一点点薯片来买玩具小车了。根据材料，回答以下问题。

(1) 请说明上述材料所蕴含的经济学原理，并结合材料简单解释该原理；(8 分)

(2) 在现实中能够体现上述原理的生活实例很多，请列出一个例子。(4 分)

【经济学基础】第三章单元测试 A 卷

注意事项:

1. 本卷共 100 分,分为试卷和答题卡两部分,考生必须在答题卡上作答,作答在试卷上无效。
2. 作答前务必将自己的姓名和准考证号准确清晰地填写在试卷和答题卡的指定位置。
3. 考试结束时,须将试卷和答题卡一并交回。

一、单项选择题(本大题共 20 小题,每小题 2 分,共 40 分。在每小题列出的四个备选项中只有一个是符合题目要求的,请选出并将答题卡上对应的答案代码涂黑,错涂、多涂或未涂均不得分。)

1. 属于企业法人、享有独立的法人财产权的企业组织形式是(　　)。
   A. 个人独资企业　　　　　　　　B. 合伙制企业
   C. 公司制企业　　　　　　　　　D. 民营企业

2. 当各种投入要素都可变时,一般是研究企业的(　　)。
   A. 长期行为　　　　　　　　　　B. 短期行为
   C. 投资行为　　　　　　　　　　D. 融资行为

3. 企业行为的基本动机是(　　)。
   A. 产量最大　　　　　　　　　　B. 市场份额最大
   C. 总收益最大　　　　　　　　　D. 利润最大

4. 生产函数的前提条件是(　　)。
   A. 一定时期内的生产要素数量不变　　B. 任意时期内的生产要素数量不变
   C. 一定时期内的生产技术水平不变　　D. 任意时期内的生产技术水平不变

5. 经济学分析所说的短期是指(　　)。
   A. 一年之内
   B. 全部生产要素都可随产量调整的时期
   C. 只能调整一种生产要素的时期
   D. 至少有一种生产要素不能调整的时期

6. 一般情况下,在一年以内可能处于生产的长期的是(　　)。
   A. 早餐售货亭　　　　　　　　　B. 大型钢铁厂
   C. 飞行器制造企业　　　　　　　D. 大型船舶生产企业

7. 在生产的短期内,假定其他不变的情况,如果连续增加劳动的投入,当劳动的边际产量为 0 时,总产量(　　)。
   A. 达到最小　　　　　　　　　　B. 达到最大值
   C. 为 0　　　　　　　　　　　　D. 出现负值

8. 在其他投入保持不变的条件下,新增一单位的投入而多生产出来的产量或产出称为(　　)。
   A. 总产量　　　　　　　　　　　B. 平均产量
   C. 边际产量　　　　　　　　　　D. 最大产量

9. 假设只有一种生产要素投入可变、其他生产要素投入不变,关于边际产量和平均产量关系的说法中正确的是(　　)。
   A. 只要边际产量大于平均产量,平均产量就是递增的
   B. 只要边际产量等于平均产量,平均产量就是递增的
   C. 只要边际产量小于平均产量,平均产量就是递增的
   D. 只要边际产量大于平均产量,平均产量就是递减的

10. 在短期生产分析中,MP_L、AP_L 和 TP_L 曲线中最先到达最高的是(　　)。
    A. TP_L　　　　　　　　　　　B. AP_L
    C. MP_L　　　　　　　　　　　D. 不能确定

11. 劳动投入 L 可以变动,资本投入 K 保持不变($K=\bar{K}$),则生产函数 $Q=f(L,\bar{K})$ 属于(　　)。
    A. 短期生产函数　　　　　　　　B. 长期生产函数
    C. 中期生产函数　　　　　　　　D. 远期生产函数

12. 短期内,在生产各阶段中,企业的理性决策阶段应是(　　)。
    A. 三个阶段都可以　　　　　　　B. 第一阶段
    C. 第二阶段　　　　　　　　　　D. 第三阶段

13. 在短期生产分析中,边际报酬递减规律直接表述了(　　)。
    A. TP_L 的先上升后下降　　　　B. AP_L 的先上升后下降
    C. MP_L 的先上升后下降　　　　D. 三者的共同趋势

14. 机会成本是指当一种生产要素被用于生产某产品时所放弃的使用该生产要素在其他生产用途中所得到的(　　)。
    A. 最低收入　　　　　　　　　　B. 最高收入
    C. 平均收入　　　　　　　　　　D. 超额收入

15. 一般随着产量的增加，短期平均不变成本（　　）。
    A. 先减少后增加   B. 先增加后减少
    C. 持续减少   D. 保持不变

16. 关于成本的说法中正确的是（　　）。
    A. 厂房设备投资是可变成本
    B. 原材料的支出是固定成本
    C. 总成本在长期内可以划分为固定成本和可变成本
    D. 设备的折旧和保险费是固定成本

17. 短期内，当边际成本大于平均可变成本时，平均可变成本一定（　　）。
    A. 增加   B. 减少
    C. 不变   D. 无法确定

18. 短期内，当总产量下降时，（　　）。
    A. 平均产量为零   B. 平均产量小于零
    C. 边际产量小于零   D. 边际产量为零

19. 某企业的产量为99个单位时，总成本等于995元；当产量增加到100个单位时，总成本为1 005元，则第100个产量的边际成本为（　　）。
    A. 1   B. 5
    C. 10   D. 15

20. 短期内，总不变成本曲线的形状是（　　）。
    A. 一条由原点出发向右上方倾斜的曲线
    B. 一条平行于横轴的直线
    C. 一条平行于纵轴的直线
    D. 一条由原点上方出发向右上方倾斜的曲线

二、判断选择题（本大题共20小题，每小题1分，共20分。判断下列各小题正误，正确的请将答题卡上对应题目的答案代码"A"涂黑，错误的请将答题卡上对应题目的答案代码"B"涂黑。未涂、错涂或多涂均不得分。）

21. 个人独资企业的投资人可获得企业全部的利益，同时对企业负债承担以其出资额为上限的有限责任。（　　）
    A. 正确   B. 错误

22. 平均总成本是总成本除以边际成本。（　　）
    A. 正确   B. 错误

23. 生产函数反映了企业所使用的生产技术状况，生产技术的改进会产生新的生产函数。（　　）

24. 小王用自己的积蓄开店，使用的是自己的资金，所以是没有成本的。（　　）
    A. 正确   B. 错误

25. 在经济学中，生产时期为一年以上的称为长期生产，一年以下的称为短期生产。（　　）
    A. 正确   B. 错误

26. 在生产的短期内，平均产量曲线与边际产量曲线相交时，总产量达到最大。（　　）
    A. 正确   B. 错误

27. 边际报酬递减规律指的是在生产的短期内，随着可变要素投入的增加，边际产量将一直递减。（　　）
    A. 正确   B. 错误

28. 短期内，在边际产量曲线与平均产量曲线相交之前，边际产量大于平均产量。（　　）
    A. 正确   B. 错误

29. 从短期来看，燃料和动力费用属于企业的可变成本。（　　）
    A. 正确   B. 错误

30. 短期内，总产量曲线呈现先下降后上升的U形。（　　）
    A. 正确   B. 错误

31. 边际产量反映了平均产量的变动率。（　　）
    A. 正确   B. 错误

32. 显性成本指的是企业为生产一定数量的产品，购买生产要素所花费的实际支出，又称为机会成本。（　　）
    A. 正确   B. 错误

33. 短期总成本曲线从原点开始，随着产量的增加而逐步上升。（　　）
    A. 正确   B. 错误

34. 短期内，企业的不变成本曲线是一条垂直于产量轴的直线。（　　）
    A. 正确   B. 错误

35. 短期内，由于不变成本不随产量的变动而变动，因此边际成本也表示为增加1单位产量所增加的可变成本。（　　）
    A. 正确   B. 错误

36. 短期内,边际成本曲线也呈现出先递减后递增的 U 形特征。 ( )
   A. 正确　　　　　　　　　　B. 错误

37. 当产量为零时,短期总成本也为零。 ( )
   A. 正确　　　　　　　　　　B. 错误

38. 短期内,可变成本曲线和总成本曲线都向右上方倾斜,且变动规律相同。 ( )
   A. 正确　　　　　　　　　　B. 错误

39. 短期内,边际产量减少,总产量不一定减少;但总产量减少,边际产量一定减少。
   ( )
   A. 正确　　　　　　　　　　B. 错误

40. 产生机会成本的原因是资源的稀缺性,因而要素所有者应该尽可能有效地使用经济资源。 ( )
   A. 正确　　　　　　　　　　B. 错误

三、名词解释(本大题共 3 小题,每小题 4 分,共 12 分。)

41. 公司制企业

42. 生产函数

43. 边际产量

四、简答题(本大题共 3 小题,其中 44、45 题每小题 8 分,46 题 12 分,共 28 分。)

44. 简述短期总成本、平均成本和边际成本之间的关系。

45. 简述边际报酬递减规律发生作用应具备的条件。

46. 小华从中职汽修专业毕业后，准备自主创业开一家汽车修理店。他估计，一个店铺每年的租金为10万元，购买汽车修理设备每年要花费5万元。此外，他婉拒了红旗汽车4S店的每年薪水为12万元的工作邀请。请根据材料，回答以下问题。

(1) 小华自主创业开汽车修理店的经济成本是多少？（须写出过程，6分）

(2) 如果小华预估他的汽车修理店一年可以赚25万元，那么他应该开这个店吗？请解释原因。(6分)

【经济学基础】第三章单元测试 B 卷

注意事项：

1. 本卷共 100 分，分为试卷和答题卡两部分，考生必须在答题卡上作答，作答在试卷上无效。
2. 作答前务必将自己的姓名和准考证号准确清晰地填写在试卷和答题卡的指定位置。
3. 考试结束时，须将试卷和答题卡一并交回。

一、单项选择题（本大题共 20 小题，每小题 2 分，共 40 分。在每小题列出的四个备选项中只有一个是符合题目要求的，请选出并将答题卡上对应的答案代码涂黑，错涂、多涂或未涂均不得分。）

1. 所有权与经营权分离，且公司内部存在复杂的委托代理的企业组织形式是（　　）。
   A. 个人独资企业　　　　　　　　B. 合伙制企业
   C. 公司制企业　　　　　　　　　D. 民营企业

2. 建造一家汽车厂可能需要两年，那么两年内汽车厂就处于生产的（　　）。
   A. 长期　　　　　　　　　　　　B. 短期
   C. 中期　　　　　　　　　　　　D. 无法确定

3. 在经济发展进程中，生产要素的内涵日益丰富，经济学中通常将生产要素划分为（　　）。
   A. 劳动者、资本、土地、企业家才能
   B. 劳动、货币、土地、企业家才能
   C. 劳动、资本、市场、企业家才能
   D. 劳动、资本、土地、企业家才能

4. 在处理实际经济问题时，生产函数不仅是表示投入与产出之间关系的对应，更是一种（　　）的制约。
   A. 生产技术　　　　　　　　　　B. 生产成本
   C. 生产要素　　　　　　　　　　D. 生产利润

5. 经济学中的短期与长期的划分取决于（　　）。
   A. 时间长短　　　　　　　　　　B. 可否调整产量
   C. 可否调整产品价格　　　　　　D. 可否调整生产规模

6. 在短期生产分析中，当边际产量大于零时，随着投入的增加，总产量与平均产量的变化趋势是（　　）。
   A. 总产量增加，平均产量增加　　C. 总产量递减，平均产量增加
   B. 总产量增加，平均产量递减　　D. 总产量增加，平均产量先增加后递减

7. 在短期生产分析中，生产处于第Ⅰ阶段时，以下说法中错误的是（　　）。
   A. 平均产量递增　　　　　　　　B. 边际产量递增
   C. 边际产量先增后减　　　　　　D. 总产量递增

8. 短期内，当平均产量达到最大值时，以下说法中正确的是（　　）。
   A. 总产量达到最大值
   B. 总产量仍处于上升阶段，还未达到最大值
   C. 边际产量达到最大值
   D. 边际产量等于零

9. 以一个月为期限，可被归类为固定成本的有（　　）。
   A. 某烘焙店的大型烘烤炉　　　　B. 某连锁餐饮店服务员提供的劳动
   C. 某饮料店用于生产果汁的鲜橙　D. 某服装店用于制衣购买的布料

10. 如图所示，理性厂商的短期生产决策区间应在（　　）。

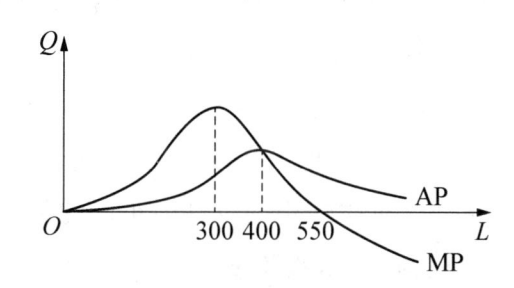

    A. $0 \leq L \leq 400$　　　　　　　　B. $300 \leq L \leq 400$
    C. $400 \leq L \leq 550$　　　　　　　D. $300 \leq L \leq 550$

11. 短期生产分析中，在总产量达到最大时，下列说法中正确的是（　　）。
    A. 平均产量最大　　　　　　　　B. 边际产量最大
    C. 平均产量为零　　　　　　　　D. 边际产量为零

12. 当某企业的产量为 7 个单位时，总成本为 75 元，产量增加到 8 个单位时，平均成本为 11 元，则该企业生产第 8 个单位的边际成本为（　　）。
    A. 15 元　　　　　　　　　　　　B. 13 元
    C. 10 元　　　　　　　　　　　　D. 5 元

13. 在短期生产分析中，总成本曲线与可变成本曲线之间的垂直距离（　　）。
    A. 随着产量的减少而递增　　　　B. 等于平均固定成本
    C. 等于固定成本　　　　　　　　D. 等于边际成本

14. 李先生辞去月薪10 000元的工作，取出自有存款100万元(每个月可获得利息收入5 000元)，并将其名下月租金为20 000元的房屋收回，自主创业办了一家事务所。如果不考虑商业风险，则李先生运营该事务所的自有生产要素按月计算的机会成本是(　　)。

　　A. 10 000元　　　　　　　　　　B. 30 000元
　　C. 3 000元　　　　　　　　　　D. 1 030 000元

15. 在短期内，随着产量增加，AVC的值(　　)。

　　A. 一直递增　　　　　　　　　　B. 一直递减
　　C. 先递增后递减　　　　　　　　D. 先递减后递增

16. 在短期生产分析中，当某厂商的产量为3个单位时，其总成本、固定成本分别是2 100元和1 200元，那么该厂商的平均可变成本是(　　)。

　　A. 300元　　B. 400元　　C. 700元　　D. 900元

17. 下列说法中正确的是(　　)。

　　A. 经济成本=显性成本-隐性成本　　B. 经济利润=会计利润+正常利润
　　C. 会计成本包含了隐性成本支出　　D. 经济利润也被称为超额利润

18. 当某企业生产3个单位产品的总成本是80元，第4个单位的边际成本是16元，以下说法中正确的是(　　)。

　　A. 第4个单位产品的总成本是82元　　B. 第5个单位产品的总成本是96元
　　C. 第4个单位产品的平均成本是12元　　D. 第5个单位产品的平均成本是16元

19. 以下关于边际报酬递减规律发生作用的条件，正确的是(　　)。

　　A. 存在技术进步，且只有一种投入要素可变
　　B. 生产技术水平不变，且只有一种投入要素可变
　　C. 存在技术进步，且可变生产要素的投入量必须超过一定点
　　D. 生产技术水平不变，且所有投入的生产要素均固定不变

20. 在短期生产分析中，下列说法中错误的是(　　)。

　　A. 只要平均产量增加，边际产量就大于平均产量
　　B. 边际产量曲线在平均产量曲线的最大值点与之相交
　　C. 只要总产量减少，边际产量一定为负数
　　D. 只要边际产量减少，总产量一定减少

二、判断选择题(本大题共20小题，每小题1分，共20分。判断下列各小题正误，正确的请将答题卡上对应题目的答案代码"A"涂黑，错误的请将答题卡上对应题目的答案代码"B"涂黑。未涂、错涂或多涂均不得分。)

21. 合伙企业与公司制企业一样，都是具备法人资格的营利性组织。　　(　　)

　　A. 正确　　　　　　　　　　　　B. 错误

22. 利润最大化是企业行为的基本动机，但并不代表企业每时每刻都能获得最大利润。(　　)

　　A. 正确　　　　　　　　　　　　B. 错误

23. 即使生产技术水平发生变化，生产函数也不会发生变化，只会改变原生产函数的投入-产出比例。(　　)

　　A. 正确　　　　　　　　　　　　B. 错误

24. 在生产的短期内，边际产量递减时平均产量也一定递减。　　(　　)

　　A. 正确　　　　　　　　　　　　B. 错误

25. 在边际报酬递减规律的作用下，劳动的边际生产曲线呈现出先递减后增加的趋势。(　　)

　　A. 正确　　　　　　　　　　　　B. 错误

26. 短期内，边际产量曲线和平均产量曲线相交，且交于平均产量曲线的最小值处。(　　)

　　A. 正确　　　　　　　　　　　　B. 错误

27. 某企业通过银行贷款扩建厂房，每个月所支出的贷款利息属于隐性成本。(　　)

　　A. 正确　　　　　　　　　　　　B. 错误

28. 短期内，随着产量的增加，总成本曲线和可变成本曲线会越来越趋于接近，最后会相交。(　　)

　　A. 正确　　　　　　　　　　　　B. 错误

29. 从长期来看，厂房和设备属于企业的可变成本。(　　)

　　A. 正确　　　　　　　　　　　　B. 错误

30. 在平均产量递增阶段，边际产量一定大于平均产量；而在平均产量递减阶段，边际产量一定小于平均产量。(　　)

　　A. 正确　　　　　　　　　　　　B. 错误

31. 短期总成本随产量的变化而变化，当产量为零时，总成本为零，产量越多，总成本越大。(　　)

　　A. 正确　　　　　　　　　　　　B. 错误

32. 短期内，企业的固定成本与产量的变动无关。(　　)

　　A. 正确　　　　　　　　　　　　B. 错误

33. 使用某项资源的机会成本通常用这项资源在其他用途中所能获得的最低收入值来衡量。(　　)

　　A. 正确　　　　　　　　　　　　B. 错误

34. 一般来说，短期内可变要素投入的边际产量一开始时是递增的。（　　）
   A. 正确　　　　　　　　　　　B. 错误

35. 短期边际成本曲线依次穿过平均可变成本曲线和平均成本曲线的最低点。（　　）
   A. 正确　　　　　　　　　　　B. 错误

36. 短期内，当边际产量达到最大时，平均产量也达到最大。（　　）
   A. 正确　　　　　　　　　　　B. 错误

37. 短期内，当边际成本递增时，平均成本也是递增的。（　　）
   A. 正确　　　　　　　　　　　B. 错误

38. 短期内，由于不变成本不随产出的变化而变化，因而AFC也不随产出的变化而变化。（　　）
   A. 正确　　　　　　　　　　　B. 错误

39. 一般认为，企业使用的技术水平越高，生产既定产量所需的成本就越低；企业对生产要素的选择越合理，生产成本就越低。（　　）
   A. 正确　　　　　　　　　　　B. 错误

40. 短期内，当边际产量等于平均产量时，边际成本也一定等于平均成本。（　　）
   A. 正确　　　　　　　　　　　B. 错误

三、名词解释（本大题共3小题，每小题4分，共12分。）

41. 合伙制企业

42. 隐性成本

43. 边际报酬递减规律

四、简答题（本大题共3小题，其中44、45题每小题8分，46题12分，共28分。）

44. 简述短期成本的类型。

45. 简述短期总产量、平均产量和边际产量之间的关系。

46. 小明的家庭草莓农场有1个大棚(固定面积),最初雇用2名工人负责种植,每天可收获100斤草莓。为了提高产量,小明陆续增加工人:当雇用的第3名工人加入时,草莓日产量增至130斤;当雇用的第4名工人加入时,草莓日产量增至150斤;当雇用的第5名工人加入时,草莓日产量增至160斤;当雇用的第6名工人加入时,草莓日产量反降为155斤。请根据材料,回答以下问题。

(1)随着雇用工人数的增加,草莓的产量增长量逐渐减少蕴含了何种经济学原理?此原理发生作用的条件是什么?(5分)

(2)为什么当第6名工人加入后,草莓产量反而减产了?(4分)

(3)若你是农场顾问,你会建议小明继续增员吗?请说明理由,并给出现状下农场要继续提升草莓产量的改进措施。(3分)

【经济学基础】第四章单元测试 A 卷

注意事项：

1. 本卷共 100 分，分为试卷和答题卡两部分，考生必须在答题卡上作答，作答在试卷上无效。
2. 作答前务必将自己的姓名和准考证号准确清晰地填写在试卷和答题卡的指定位置。
3. 考试结束时，须将试卷和答题卡一并交回。

一、单项选择题（本大题共 20 小题，每小题 2 分，共 40 分。在每小题列出的四个备选项中只有一个是符合题目要求的，请选出并将答题卡上对应的答案代码涂黑，错涂、多涂或未涂均不得分。）

1. 下列行业中最接近于完全竞争市场的是（　　）。
   A. 卷烟　　　　　　　　　　B. 钢铁
   C. 水稻　　　　　　　　　　D. 汽车

2. 企业利润最大化的原则是（　　）。
   A. 边际收益大于边际成本　　B. 边际收益等于边际成本
   C. 边际收益小于边际成本　　D. 边际收益与边际成本没有关系

3. 假如某一行业处于完全竞争市场中，则该行业中产品（　　）。
   A. 无差别　　　　　　　　　B. 有差别
   C. 有的有差别，有的无差别　D. 以上情况都可能

4. 形成垄断的原因是（　　）。
   A. 资源垄断　　　　　　　　B. 自然垄断
   C. 专利垄断　　　　　　　　D. 以上都是

5. 寡头垄断厂商生产的产品是（　　）。
   A. 同质的
   B. 有差异的
   C. 既可以是同质的，也可以是有差异的
   D. 以上说法都不对

6. 以下不属于垄断竞争市场特征的是（　　）。
   A. 厂商进出该行业较困难　　B. 厂商生产的产品有差异
   C. 厂商间存在激烈竞争　　　D. 厂商对市场价格影响有限

7. 在完全竞争条件下，单个厂商的需求曲线是一条（　　）。
   A. 与横轴垂直的线　　　　　B. 向右上方倾斜的曲线
   C. 与横轴平行的线　　　　　D. 向右下方倾斜的曲线

8. 垄断市场常存在于（　　）。
   A. 农产品生产　　　　　　　B. 日用工业品市场
   C. 钢铁市场　　　　　　　　D. 公用事业部门

9. 一个完全竞争企业会（　　）。
   A. 选择高于市场价格的定价以实现利润最大化
   B. 选择低于其他企业相似产品的价格
   C. 选择现行的市场价格
   D. 选择使其获得最大市场份额的价格

10. 以下属于二级价格歧视的是（　　）。
    A. 早上没卖出的商品到晚上降价出售　B. 商场打折促销
    C. 二手商品便宜转手　　　　　　　　D. 不同购买数量段售价不同

11. 下列关于寡头垄断市场的说法中不正确的是（　　）。
    A. 厂商进出不易
    B. 厂商以利润最大化为目标
    C. 一家厂商的价格或产量变动对同一市场中的其他企业基本没影响
    D. 市场中厂商的数量极少

12. 能够获得所有消费者剩余的价格歧视是（　　）。
    A. 一级价格歧视　　　　　　B. 三级价格歧视
    C. 二级价格歧视　　　　　　D. 以上都是

13. 下列关于斯威齐模型的说法中正确的是（　　）。
    A. 说明了厂商一起提高价格的原因　B. 说明了产品价格变动的灵活性
    C. 说明了寡头市场的价格"刚性"　　D. 解释了石油输出国组织的定价策略

14. 垄断竞争市场与完全竞争市场的重要区别在于（　　）。
    A. 竞争是否激烈　　　　　　B. 产品是否有差别
    C. 进入行业是否容易　　　　D. 企业规模大小

15. 下列关于完全竞争市场与垄断市场的区别的说法中正确的是（　　）。
    A. 完全竞争市场有很多厂商，垄断市场仅有两三个厂商

— 1 —

B. 完全竞争市场中厂商是价格的决定者，垄断市场中厂商是价格的接受者

C. 完全竞争市场的商品具有不可替代性，垄断市场的商品具有可替代性

D. 完全竞争市场无进入障碍，垄断市场有进入障碍

16. 垄断竞争厂商面临的需求曲线是( )。

   A. 向右下方倾斜   B. 呈水平状

   C. 向右上方倾斜   D. 呈垂直状

17. 以下关于卡特尔组织的说法中不正确的是( )。

   A. 企业间属于勾结行为

   B. 企业共同确定总产量与价格

   C. 联合行为获得利润大于独立的竞争行为活动的利润

   D. 卡特尔对相关企业都有好处，所以十分稳定

18. 可口可乐配方的商业机密，为其在全球饮料市场的长期统治地位提供了重要保障，属于( )。

   A. 资源垄断   B. 特许垄断

   C. 专利垄断   D. 自然垄断

19. 最需要进行广告宣传的市场是( )。

   A. 完全竞争市场   B. 垄断市场

   C. 垄断竞争市场   D. 寡头垄断市场

20. 寡头垄断市场的产量( )。

   A. 比在完全竞争条件下要小，但比在完全垄断条件下要大

   B. 比在完全竞争条件下要小，比在完全垄断条件下也要小

   C. 比在完全竞争条件下要大，但比在完全垄断条件下要小

   D. 比在完全竞争条件下要小，与在完全垄断条件下相同

二、判断选择题(本大题共 20 小题，每小题 1 分，共 20 分。判断下列各小题正误，正确的请将答题卡上对应题目的答案代码"A"涂黑，错误的请将答题卡上对应题目的答案代码"B"涂黑。未涂、错涂或多涂均不得分。)

21. 在完全竞争市场中，许多企业生产非常类似但略有不同的产品。 ( )

   A. 正确   B. 错误

22. 景区内唯一的杂货店可以在景区范围内形成垄断。 ( )

   A. 正确   B. 错误

23. 由于垄断企业可以控制和操作市场价格，因此垄断企业一定可以盈利。 ( )

   A. 正确   B. 错误

24. 一般认为完全竞争市场是效率最高的市场。 ( )

   A. 正确   B. 错误

25. 价格领导模型指的是寡头企业之间进行公开的勾结，达成公开且正式的协议，试图控制整个市场的利润最大化产量与价格。 ( )

   A. 正确   B. 错误

26. 石油属于垄断市场。 ( )

   A. 正确   B. 错误

27. 一家完全竞争企业可以按照其意愿决定产品价格。 ( )

   A. 正确   B. 错误

28. 一级价格歧视是一种理想化的情况，现实中是不存在的。 ( )

   A. 正确   B. 错误

29. 垄断对社会而言没有任何益处，必须坚决抵制。 ( )

   A. 正确   B. 错误

30. 虽然垄断竞争企业的产品是有差异性的，但该产品与同一市场上的其他产品之间还是存在着极高的替代性。 ( )

   A. 正确   B. 错误

31. 在垄断市场中，垄断企业的产量就是整个市场的供给量。 ( )

   A. 正确   B. 错误

32. 在一个完全竞争市场中，企业进入该行业不存在限制。 ( )

   A. 正确   B. 错误

33. 依照竞争程度进行排序，垄断竞争市场上的竞争程度最高。 ( )

   A. 正确   B. 错误

34. 寡头企业做决策时不需要考虑到其他企业可能作出的反应。 ( )

   A. 正确   B. 错误

35. 价格歧视可以增加企业受益，但是对消费者不利。 ( )

   A. 正确   B. 错误

36. 垄断市场与垄断竞争市场的差别之一是垄断竞争市场不存在进入障碍。 ( )

   A. 正确   B. 错误

37. 由于寡头垄断厂商间可以进行勾结，因此他们之间并不存在竞争。 ( )

   A. 正确   B. 错误

38. 学生群体对飞机票的需求是富有弹性的,因此飞机票应该对学生定高价。（　）
    A. 正确　　　　　　　　　　　　B. 错误

39. 斯威齐模型解释了寡头垄断市场价格刚性的现象。（　）
    A. 正确　　　　　　　　　　　　B. 错误

40. 西方经济学一般认为,垄断竞争市场介于寡头垄断市场与垄断市场之间,更凸显了"竞争"的特征。（　）
    A. 正确　　　　　　　　　　　　B. 错误

三、名词解释(本大题共3小题,每小题4分,共12分。)

41. 市场结构

42. 垄断

43. 完全竞争市场

四、简答题(本大题共3小题,其中44、45题每小题8分,46题12分,共28分。)

44. 简述寡头垄断市场的特征。

45. 根据垄断形成的原因,垄断可分为几种类型?

46. 一般认为,水果铺和包子铺都是小企业,但是所处的市场类型却并不相同。请回答下列问题:

(1)请说明水果铺处于何种市场类型中,并简述这种市场结构的特点。(5分)

(2)请说明包子铺处于何种市场类型中,并简述这种市场结构的特点。(5分)

(3)假如你是一家包子铺老板,你将如何提升自己店铺的竞争优势?(2分)

【经济学基础】第四章单元测试 B 卷

注意事项：

1. 本卷共 100 分，分为试卷和答题卡两部分，考生必须在答题卡上作答，作答在试卷上无效。
2. 作答前务必将自己的姓名和准考证号准确清晰地填写在试卷和答题卡的指定位置。
3. 考试结束时，须将试卷和答题卡一并交回。

一、单项选择题（本大题共 20 小题，每小题 2 分，共 40 分。在每小题列出的四个备选项中只有一个是符合题目要求的，请选出并将答题卡上对应的答案代码涂黑，错涂、多涂或未涂均不得分。）

1. 企业的总收益等于（　　）。
    A. 利润　　　　　　　　　　B. 总成本
    C. 总成本加利润　　　　　　D. 总成本减利润

2. 在（　　）市场中，厂商的 AR 曲线、MR 曲线和需求曲线 d 是重叠的。
    A. 完全竞争　　　　　　　　B. 垄断竞争
    C. 垄断　　　　　　　　　　D. 寡头垄断

3. 关于一个完全竞争的市场结构，下列说法中错误的是（　　）。
    A. 市场上有很多生产者和消费者
    B. 市场参与者只能接受价格，而不能影响价格
    C. 厂商和生产要素可以自由流动
    D. 厂商数量很多，而且产品有所差别

4. 在完全竞争市场中，厂商短期均衡的条件是（　　）。
    A. P = AR　　　　　　　　B. P = MR
    C. P = AC　　　　　　　　D. P = MC

5. 以下是自然垄断产生的原因的是（　　）。
    A. 政府特许　　　　　　　　B. 专利权
    C. 自然资源垄断　　　　　　D. 规模经济

6. 以下属于二级价格歧视的是（　　）。
    A. 景区对不同人群门票定价不同
    C. 超市部分商品的会员价
    B. 阶梯电价
    D. 电影院周二观影日的半价电影票

7. 垄断竞争厂商为实现利润最大化目标而经常采用的竞争方式有（　　）。
    A. 价格竞争　　　　　　　　B. 广告竞争
    C. 品质竞争　　　　　　　　D. 以上都是

8. 假设完全竞争厂商的商品价格为 5 元，且固定不变，则可以测算出完全竞争厂商的平均收益和边际收益分别是（　　）。
    A. 5 元，5 元　　　　　　　B. 5 元，大于 5 元
    C. 大于 5 元，5 元　　　　　D. 大于 5 元，大于 5 元

9. 在价格领导模型中，追随企业是（　　）。
    A. 价格的制定者　　　　　　B. 价格的接受者
    C. 与主导企业具有相同的需求曲线　D. 按照 P = AC 原则进行产量决策

10. 垄断企业短期利润最大化的均衡条件是（　　）。
    A. MR = AR　　　　　　　　B. MR = P
    C. MR = MC　　　　　　　　D. MR = AC

11. 短期中，企业所能出现的最大经济亏损是（　　）。
    A. 0　　　　　　　　　　　B. 投入的总成本
    C. 投入的可变成本　　　　　D. 投入的固定成本

12. 以下不属于垄断的是（　　）。
    A. 汽车销售　　　　　　　　B. 专利产品生产
    C. 城市供水　　　　　　　　D. 铸造货币

13. 垄断厂商通过对小批量购买的消费者收取额外价格，侵蚀了一部分消费者剩余，得到更多的利润，这种对小批量消费者收取额外价格的行为属于（　　）。
    A. 一级价格歧视　　　　　　B. 二级价格歧视
    C. 三级价格歧视　　　　　　D. 四级价格歧视

14. 在垄断市场中，垄断企业的边际收益与平均收益的关系是（　　）。
    A. 边际收益大于平均收益
    B. 边际收益小于平均收益
    C. 边际收益等于平均收益
    D. 边际收益曲线交于平均收益曲线的最低点

15. 以下不属于垄断竞争市场特点的是（　　）。
    A. 市场上存在许多企业　　　B. 每家企业在整个市场中所占份额很小
    C. 企业生产的产品略有差异　D. 进入市场的障碍较大

16. 由少数几个厂商控制一个行业供给的市场结构，属于(　　)。
   A. 完全竞争市场　　　　　　　　B. 垄断市场
   C. 寡头垄断市场　　　　　　　　D. 垄断竞争市场

17. 以下属于垄断竞争市场的是(　　)。
   A. 玉米市场　　　　　　　　　　B. 牙膏市场
   C. 国防市场　　　　　　　　　　D. 钢铁市场

18. 以下关于垄断市场的说法中正确的是(　　)。
   A. 厂商进出市场很容易
   B. 商品在市场上可以找到相似品
   C. 厂商对商品没有定价权
   D. 商品在市场上没有替代品

19. 下列关于寡头垄断市场特点的描述中错误的是(　　)。
   A. 市场类似于垄断市场，存在行业进入障碍
   B. 行业中的几个厂商在市场中有举足轻重的地位
   C. 厂商可以随时退出市场
   D. 市场上的价格不是由某个厂商决定的，而是几个厂商相互协商博弈的结果

20. 下图所示是完全竞争市场中的曲线，以下说法中正确的是(　　)。

   A. C 是整个行业的需求曲线，D 是单个企业的平均成本曲线
   B. A 是整个行业的供给曲线，B 是整个行业的需求曲线
   C. A 是整个行业的需求曲线，D 是单个企业的需求曲线
   D. B 是整个行业的需求曲线，C 是单个企业的需求曲线

二、判断选择题(本大题共20小题，每小题1分，共20分。判断下列各小题正误，正确的请将答题卡上对应题目的答案代码"A"涂黑，错误的请将答题卡上对应题目的答案代码"B"涂黑。未涂、错涂或多涂均不得分。)

21. 寡头垄断市场的经济效率高于垄断市场。　　　　　　　　　　　　　　　(　　)
   A. 正确　　　　　　　　　　　　B. 错误

22. 某厂商处于完全竞争市场，它在短期内继续生产的最低条件是 $P \geq AC$。(　　)
   A. 正确　　　　　　　　　　　　B. 错误

23. 寡头垄断市场中，寡头企业的产品没有替代品。　　　　　　　　　　　　(　　)
   A. 正确　　　　　　　　　　　　B. 错误

24. 在垄断竞争市场中，垄断竞争企业之间也存在激烈的竞争，所以某垄断竞争企业改变产量的行为不会影响其产品价格。(　　)
   A. 正确　　　　　　　　　　　　B. 错误

25. 自然垄断通常需要政府对其价格进行管制。(　　)
   A. 正确　　　　　　　　　　　　B. 错误

26. 关于寡头行为的斯威齐模型，寡头企业的需求曲线发生折拐的原因之一是其他企业会随着该寡头企业降低价格而降低价格。(　　)
   A. 正确　　　　　　　　　　　　B. 错误

27. 垄断市场中厂商在短期内实现均衡时，一定是盈利的。(　　)
   A. 正确　　　　　　　　　　　　B. 错误

28. 在完全竞争市场中，单个消费者和单个企业都是价格的接受者，所以完全竞争市场的价格是固定不变的。(　　)
   A. 正确　　　　　　　　　　　　B. 错误

29. 垄断企业不必像垄断竞争企业那样采用广告战略，因为前者没有竞争对手。(　　)
   A. 正确　　　　　　　　　　　　B. 错误

30. 许多公共事业企业都是因为垄断了关键性的资源，所以属于资源垄断。(　　)
   A. 正确　　　　　　　　　　　　B. 错误

31. 在垄断竞争市场中，若有几家厂商退出市场，可能会给该市场的产品价格带来一定的波动，所以厂商不得随意退出市场。(　　)
   A. 正确　　　　　　　　　　　　B. 错误

32. 在完全竞争市场中，对单个厂商而言，其需求曲线与行业的需求曲线相同。(　　)
   A. 正确　　　　　　　　　　　　B. 错误

33. 三级价格歧视适用于对商品具有不同的需求价格弹性的消费群体。(　　)
   A. 正确　　　　　　　　　　　　B. 错误

34. 垄断竞争企业产品价格变化引起的产量变化要比完全竞争条件时大。(　　)
   A. 正确　　　　　　　　　　　　B. 错误

35. 完全竞争企业的AR曲线和MC曲线与需求曲线是相同的。(　　)
   A. 正确　　　　　　　　　　　　B. 错误

36. 卡特尔组织是通过企业的联合行动获得垄断利润，每个企业都会严格遵守协议来维持卡特尔的稳定性。(　　)
   A. 正确　　　　　　　　　　　　B. 错误

37. 西方经济学将垄断市场、垄断竞争市场和寡头垄断市场都归为不完全竞争市场。(　　)

A. 正确　　　　　　　　　　　　　　　B. 错误

38. 垄断市场与完全竞争市场中的企业都试图追求利润最大化。　　　　（　　）

A. 正确　　　　　　　　　　　　　　　B. 错误

39. 在完全竞争市场中，企业的产品价格是市场决定的，所有单个企业的需求曲线是完全缺乏弹性的。　　　　　　　　　　　　　　　　　　　　　　　　　　　　（　　）

A. 正确　　　　　　　　　　　　　　　B. 错误

40. 寡头垄断市场中的古诺模型是一个双寡头模型。　　　　　　　　　（　　）

A. 正确　　　　　　　　　　　　　　　B. 错误

三、名词解释（本大题共3小题，每小题4分，共12分。）

41. 寡头垄断市场

42. 价格歧视

43. 自然垄断

四、简答题（本大题共3小题，其中44、45题每小题8分，46题12分，共28分。）

44. 简述市场结构的划分依据。

45. 简述完全竞争市场的特征。

46. 请根据材料回答问题。

我国各大城市的电信业务一直到20世纪80年代末90年代初都是由邮电部独家垄断经营的。那时，家庭用户申请安装电话非常困难，从申请到安装使用至少需要半年，并且还需要交上高达数千元的初装费。同时，申请用户还必须到邮电系统经营的特定门店去购买电话机才能获得装机资格。而这些指定门店售卖的电话机品种单一，式样陈旧，且价格不菲。电信业务的完全垄断式经营不仅使电信服务不能令人满意，而且也造成了电信供给的严重不足。

1994年以来，在我国政府积极推动基础电信领域的改革后，打破了原电信业务的垄断式经营，市场上出现了多家通信运营商相互竞争，从而使得电信服务质量不断提高，服务价格明显下降，服务供给量快速增长。消费者只需选择一家通信运营商，前往营业厅或通过便捷的线上渠道轻松申请，几分钟内即可开通号码。同时，消费者还可以根据个人喜好和预算，自由挑选任意品牌、款式新颖、功能多样、价格实惠的智能手机。

(1) 请说明我国20世纪八九十年代的电信市场属于何种市场类型，并简述这种市场结构的特点。(5分)

(2) 请说明当今智能手机市场属于何种市场类型，并简述这种市场结构的特点。(5分)

(3) 有人说，破除垄断只对消费者有利，而对企业是不利的。你认为这种说法对吗？并简述理由。(2分)

【管理学基础】第一章单元测试 A 卷

注意事项：

1. 本卷共 100 分，分为试卷和答题卡两部分，考生必须在答题卡上作答，作答在试卷上无效。

2. 作答前务必将自己的姓名和准考证号准确清晰地填写在试卷和答题卡的指定位置。

3. 考试结束时，须将试卷和答题卡一并交回。

一、单项选择题（本大题共 20 小题，每小题 1 分，共 20 分。在每小题列出的四个备选项中只有一个是符合题目要求的，请选出并将答题卡上对应的答案代码涂黑，错涂、多涂或未涂均不得分。）

1. 计划、组织、领导、控制是（　　）。
   A. 管理的功能　　　　　　　　B. 管理的职能
   C. 管理的特性　　　　　　　　D. 管理的基本手段

2. "管理就是决策"的提出者是（　　）。
   A. 赫伯特·西蒙　　　　　　　B. 彼得·德鲁克
   C. 亨利·法约尔　　　　　　　D. 哈罗德·孔茨

3. 泰勒根据工人的具体操作过程，进一步对分工进行细化，制定了（　　）。
   A. 职能分工方式　　　　　　　B. 工作定额方法
   C. 差别计件工资　　　　　　　D. 标准化操作方法

4. 法约尔的研究是以"总经理"的身份出发的，他的研究对象是（　　）。
   A. 企业员工　　　　　　　　　B. 企业高管
   C. 企业整体　　　　　　　　　D. 职能部门

5. 管理的主体是（　　）。
   A. 管理者　　　　　　　　　　B. 董事长
   C. 消费者　　　　　　　　　　D. 被管理者

6. 管理的对象是一切可以调用的资源。在这些资源中，最重要的是（　　）。
   A. 物料　　　　　　　　　　　B. 资金
   C. 人员　　　　　　　　　　　D. 信息

7. 某公司总经理要求下属人员都按他的要求工作，而副总经理也是这样要求下属，结果下属不知如何是好。这个问题出在（　　）。

A. 领导层存在矛盾　　　　　　B. 领导层不信任下属
C. 下属不分领导大小　　　　　D. 违背统一指挥原则

8. 法约尔的公平原则是指对待员工要（　　）。
   A. 激励与约束结合　　　　　　B. 善意与公道结合
   C. 严管与厚爱结合　　　　　　D. 权力与责任结合

9. 在管理思想史上被称为"科学管理之父"的是（　　）。
   A. 亚当·斯密　　　　　　　　B. 罗伯特·欧文
   C. 亨利·法约尔　　　　　　　D. 温斯洛·泰勒

10. 法约尔的代表作是（　　）。
    A.《科学管理原理》　　　　　　B.《管理决策新科学》
    C.《工业管理与一般管理》　　　D.《社会组织与经济组织理论》

11. 德国著名的社会学家韦伯认为，历史上的英雄人物往往有不少追随者，这种权力来自（　　）。
    A. 传统型权力　　　　　　　　B. 法理型权力
    C. 崇拜性权力　　　　　　　　D. 个人魅力型权力

12. 管理是一门艺术，强调管理的（　　）。
    A. 复杂性　　　　　　　　　　B. 有效性
    C. 实践性　　　　　　　　　　D. 精确性

13. 利用组织赋予的权力和自身的能力去指挥和影响下属为实现组织目标而努力工作的过程体现的管理职能是（　　）。
    A. 决策　　　　　　　　　　　B. 组织
    C. 领导　　　　　　　　　　　D. 控制

14. 管理活动总是在一定社会生产方式下进行的，其中生产力发展水平决定了（　　）。
    A. 管理的科学性　　　　　　　B. 管理的艺术性
    C. 管理的社会属性　　　　　　D. 管理的自然属性

15. 管理活动中存在许多矛盾的选择，管理者必须在两个极端之间找到最恰当的点，这是管理的（　　）。
    A. 适度原理　　　　　　　　　B. 人本原理
    C. 系统原理　　　　　　　　　D. 效益原理

16. 管理者在组织管理活动的实践中必须依循的基本规律不包括（　　）。
    A. 人本原理　　　　　　　　　B. 系统原理
    C. 适度原理　　　　　　　　　D. 弹性原理

17. 法约尔提出的管理的五项职能或要素是（　　）。

— 1 —

A. 计划、组织、指挥、协调、控制
B. 计划、组织、决策、领导、控制
C. 计划、组织、决策、协调、控制
D. 计划、组织、人员配备、指导、控制

18. "牵一发而动全身"，这体现了系统的(　　)。
   A. 相似性　　　　　　　B. 有序性
   C. 互动性　　　　　　　D. 整体性

19. 提出计划职能与执行职能相分离的管理理论是(　　)。
   A. 科学管理理论　　　　B. 组织管理理论
   C. 一般管理理论　　　　D. 权变管理理论

20. 一般认为"管理过程理论之父""科学管理之父""组织理论之父"分别是(　　)。
   A. 法约尔、泰勒、韦伯
   B. 泰勒、法约尔、韦伯
   C. 法约尔、韦伯、泰勒
   D. 韦伯、泰勒、法约尔

二、判断选择题(本大题共20小题，每小题1分，共20分。判断下列各小题正误，正确的请将答题卡上对应题目的答案代码"A"涂黑，错误的请将答题卡上对应题目的答案代码"B"涂黑。未涂、错涂或多涂均不得分。)

21. 管理实践、管理思想和管理理论自我国先秦时代就有。　　　　(　　)
   A. 正确　　　　　　　　B. 错误

22. 管理既是一门科学，也是一门艺术。　　　　　　　　　　　　(　　)
   A. 正确　　　　　　　　B. 错误

23. 董事会召开会议，针对多个备选战略方案进行评估与选择，最终确定下一年度核心战略方向，体现管理的组织职能。　　　　　　　　　　　　　　　　　　(　　)
   A. 正确　　　　　　　　B. 错误

24. 泰勒的科学管理是用科学的工作方法代替传统的经验管理方法。　(　　)
   A. 正确　　　　　　　　B. 错误

25. 管理是一种有意识、有组织的群体活动，是一个静态的协作过程。(　　)
   A. 正确　　　　　　　　B. 错误

26. 在组织中具体执行计划、组织、协调、控制、经营等管理活动的人是管理的接受者，是管理客体。　　　　　　　　　　　　　　　　　　　　　　　　(　　)
   A. 正确　　　　　　　　B. 错误

27. 管理的科学性是以理性分析为基础的。　　　　　　　　　　　(　　)
   A. 正确　　　　　　　　B. 错误

28. 1916年法约尔发表了管理过程理论的代表作《科学管理原理》。(　　)
   A. 正确　　　　　　　　B. 错误

29. "一个下属只服从一个上级"指的是法约尔提出的"统一领导原则"。(　　)
   A. 正确　　　　　　　　B. 错误

30. 韦伯认为只有法理型权力才能成为科层组织的基础。　　　　　(　　)
   A. 正确　　　　　　　　B. 错误

31. 管理就是决策，决策贯穿于整个管理过程，这是泰勒的观点。　(　　)
   A. 正确　　　　　　　　B. 错误

32. 不同社会制度背景下的管理理论和方法可以完全照搬使用。　　(　　)
   A. 正确　　　　　　　　B. 错误

33. 领导职能就是向员工发布工作指令。　　　　　　　　　　　　(　　)
   A. 正确　　　　　　　　B. 错误

34. 某企业强调"以人为本"，优先考虑员工发展，这体现了管理的社会属性。(　　)
   A. 正确　　　　　　　　B. 错误

35. 管理的科学性强调经验积累，艺术性强调理论指导。　　　　　(　　)
   A. 正确　　　　　　　　B. 错误

36. "人尽其才，物尽其用"体现了管理的人本原理。　　　　　　　(　　)
   A. 正确　　　　　　　　B. 错误

37. 效益原理的核心是追求投入产出比最大化，而非单纯盈利。　　(　　)
   A. 正确　　　　　　　　B. 错误

38. 某工厂引入标准化作业流程，这是泰勒科学管理理论的应用。　(　　)
   A. 正确　　　　　　　　B. 错误

39. 某公司设立多个事业部独立运营，违背了法约尔的"统一领导"原则。(　　)
   A. 正确　　　　　　　　B. 错误

40. 韦伯认为传统型权力比法理型权力更适合现代企业管理。　　　(　　)
   A. 正确　　　　　　　　B. 错误

三、名词解释(本大题共3小题，每小题4分，共12分。)

41. 管理

42. 人本原理

43. 例外管理

四、简答题(本大题共 3 小题,每小题 8 分,共 24 分。)

44. 根据系统原理,我们在组织管理活动时应注意哪些方面?

45. 简述管理的科学性和艺术性,并举例说明。

46. 简述法约尔提出的一般管理的十四条原则。

五、案例分析题(本大题共有两题,其中案例一为单选题,每小题 2 分,共 10 分;案例二为文字分析题,每小题 7 分,共 14 分。)

案例一 总经理的困扰

王立是东方动漫设计公司的总经理,今天上班王立一到公司就遇见刚退休的前任总经理周成斌。他上前打招呼,周成斌却沮丧地说:"今天回来取东西找不到。询问了几个科室领导,但无人回应,真是人走茶凉"。

这时销售员李杰找上门来,抱怨说销售部的奖金分配方案搞平均主义,极不合理。他感觉自己的努力没有得到应有的肯定,想要另谋出路。王立要求人事部主管郑继凯起草一份新的绩效考核方案。但主管却认为公司内部存在的问题,并不在于绩效考核办法,而在于公司原有的管理办法过于僵化。动漫设计是一个特殊的工种,公司应该以人为本,综合考虑行业和个人特点,使工作内容更具挑战性和自主性,以满足员工更高层次的心理需求,以此激发员工更大的创作潜力。

根据本案例材料回答下列问题:

47. 前任总经理周成斌的抱怨表明该公司在管理过程中,管理职能可能存在问题的是( )。

    A. 计划职能   B. 组织职能

    C. 领导职能   D. 控制职能

48. 人事部主管郑继凯认为公司应该以人为本,充分考虑员工的需求,这体现了他认为公司管理应该遵循( )。

    A. 人本原理   B. 系统原理

    C. 效益原理   D. 适度原理

49. 销售员李杰和同事进行奖金比较之后产生了不公平感，法约尔的公平原则是指对待员工要( )。

    A. 激励与约束结合   B. 善意与公道结合

    C. 严管与厚爱结合   D. 权力与责任结合

50. 根据领导权力的来源，前任总经理周成斌在位时所拥有的权力是( )。

    A. 法定权力   B. 奖赏权力

    C. 专家权力   D. 参照权力

51. 根据科学管理理论，以下措施最可能提高东方动漫设计公司员工工作效率的是( )。

    A. 增加团队创意讨论会的频次

    B. 赋予员工更多决策权以激发主动性

    C. 对员工进行标准化培训，优化工作流程

    D. 实行弹性工作制，允许员工自由安排时间

案例二　某连锁餐饮分店的破局之道

某连锁餐饮企业新分店开业初期因客流量激增暴露运营短板：流程低效导致后厨与前厅协作混乱，顾客等餐时间长达40分钟，差评率飙升15%；团队管理失衡使新员工因培训不足手忙脚乱，老员工因任务分配不公抱怨离职，月度离职率突破20%。

店长小李果断启动改革：首先重构运营流程，明确后厨出餐顺序和前厅服务标准，并引入智能点餐系统实时同步数据，监控出餐效率；其次激活团队效能，实施跨岗培训与"老带新"结对制，同时按员工特长弹性排班。

一个月后，分店等餐时间缩短至15分钟以内，差评率下降至3%，员工离职率回落至5%，成为区域运营标杆。

根据本案例材料回答下列问题：

52. 结合案例分析小李的改进措施分别体现了哪些管理职能？

53. 从管理的自然属性和社会属性角度，分析小李的解决方案。

【管理学基础】第一章单元测试 B 卷

注意事项：

1. 本卷共 100 分，分为试卷和答题卡两部分，考生必须在答题卡上作答，作答在试卷上无效。
2. 作答前务必将自己的姓名和准考证号准确清晰地填写在试卷和答题卡的指定位置。
3. 考试结束时，须将试卷和答题卡一并交回。

一、单项选择题（本大题共 20 小题，每小题 1 分，共 20 分。在每小题列出的四个备选项中只有一个是符合题目要求的，请选出并将答题卡上对应的答案代码涂黑，错涂、多涂或未涂均不得分。）

1. 管理人员通过一系列基本的管理职能来实现组织目标，下面不属于基本管理职能范畴的是（　　）。
   A. 组织　　　　　　　　　　B. 控制
   C. 领导　　　　　　　　　　D. 经营

2. 科层组织理论由社会学家韦伯提出，他的国籍是（　　）。
   A. 英国　　　　　　　　　　B. 德国
   C. 美国　　　　　　　　　　D. 法国

3. 管理作为一个活动过程，其中存在着一系列基本的客观规律，这体现了管理的（　　）。
   A. 应用性　　　　　　　　　B. 实践性
   C. 科学性　　　　　　　　　D. 艺术性

4. 某大型企业业绩下滑，管理人员与技术人员流失增多，从管理职能角度看，该企业最可能存在问题的地方是（　　）。
   A. 计划职能　　　　　　　　B. 组织职能
   C. 领导职能　　　　　　　　D. 控制职能

5. 管理活动总是在一定社会生产方式下进行的，其中生产关系决定了（　　）。
   A. 管理的科学性　　　　　　B. 管理的艺术性
   C. 管理的社会属性　　　　　D. 管理的自然属性

6. 管理的首要原理是（　　）。
   A. 人本原理　　　　　　　　B. 效益原理
   C. 系统原理　　　　　　　　D. 适度原理

7. 组织目标的实现与实现组织目标所付代价之间的一种比例关系称为（　　）。
   A. 效率　　　　　　　　　　B. 效益
   C. 效果　　　　　　　　　　D. 效用

8. "一支交响乐队中，若各乐手不按指挥的节奏和声部顺序演奏，即使单个乐手技艺高超，整体演奏也会杂乱无章。"这体现了系统的（　　）。
   A. 相似性　　　　　　　　　B. 有序性
   C. 互动性　　　　　　　　　D. 整体性

9. 韦伯认为，为社会所接受的合法权力不包括（　　）。
   A. 正式权力　　　　　　　　B. 传统型权力
   C. 法理型权力　　　　　　　D. 个人魅力型权力

10. 下列不属于法约尔所提出的十四条管理原则的是（　　）。
    A. 统一指挥　　　　　　　　B. 等级制度
    C. 非正式组织　　　　　　　D. 人员的报酬

11. 为分权化管理和事业部制提供理论依据的是泰勒提出的（　　）。
    A. 例外管理　　　　　　　　B. 职能工长制
    C. 工作标准化　　　　　　　D. 差别计件工资

12. 一家大型企业构建了清晰的层级组织架构，部门间依靠规章制度协调运作，这种"理性化、制度化"的组织形式提出者是（　　）。
    A. 韦伯　　　　　　　　　　B. 泰勒
    C. 欧文　　　　　　　　　　D. 法约尔

13. 管理者必须因地制宜地将管理知识与具体管理活动相结合，这强调的是（　　）。
    A. 管理的科学性　　　　　　B. 管理的艺术性
    C. 管理学的历史性　　　　　D. 管理学的实用性

14. 卫米最近被任命为集团销售总公司的总经理，从而由一个参谋人员变成了独立部门的负责人，卫米最近参与的几项活动，其中几乎与他的领导职能无关的是（　　）。
    A. 向下属传达他对销售工作目标的认识
    B. 与某用户谈判以期达成长期销售协议
    C. 对业绩好的分公司及先进个人进行奖励
    D. 和新入职的员工谈心鼓励他们克服困难

15. 某电商公司为提升销售额,不能只关注营销推广。客服服务质量、第三方物流企业配送速度都会影响销售,其中没有体现的系统原理是( )。
   A. 整体性   B. 相关性
   C. 有序性   D. 与外部环境的互动性

16. 泰勒认为提升劳动生产率和增加企业盈利需从三个方面入手,不包括下列选项中的( )。
   A. 改进工作方法   B. 改进分配方法
   C. 改进经营方向   D. 改进生产组织

17. 管理者根据目标活动需求设计合理的职位体系,并招募合适员工,这属于管理的( )。
   A. 决策职能   B. 组织职能
   C. 领导职能   D. 控制职能

18. 学校老师根据学生的特点和需求,制订个性化的教学计划,这属于管理职能的( )。
   A. 决策职能   B. 组织职能
   C. 领导职能   D. 控制职能

19. 管理的自然属性反映了管理活动必须遵循( )。
   A. 生产关系的发展要求   B. 生产力发展的客观需要
   C. 特定社会制度的文化传统   D. 组织内部的人际关系规则

20. 下列情景最能体现管理的社会属性的是( )。
   A. 某工厂引入自动化设备提升生产效率
   B. 公司通过优化生产流程降低材料浪费
   C. 采用新型节能设备降低单位产品能耗
   D. 调整薪酬制度以缩小员工间的收入差距

二、判断选择题(本大题共20小题,每小题1分,共20分。判断下列各小题正误,正确的请将答题卡上对应题目的答案代码"A"涂黑,错误的请将答题卡上对应题目的答案代码"B"涂黑。未涂、错涂或多涂均不得分。)

21. 科学管理的根本目的是提高劳动生产效率。   ( )
   A. 正确   B. 错误

22. 法定权力是指依法任命并赋予行政命令的权力。   ( )
   A. 正确   B. 错误

23. 法约尔认为管理就是要确切地知道要别人干什么,并让他们用最好最经济的方法去干。   ( )
   A. 正确   B. 错误

24. 适度原理强调以最少的资源实现最大的组织目标。   ( )
   A. 正确   B. 错误

25. 管理的起源可以追溯到古代文明时期。   ( )
   A. 正确   B. 错误

26. 某餐厅优化菜单和员工排班,主要体现管理的控制职能。   ( )
   A. 正确   B. 错误

27. 管理的自然属性取决于社会制度和企业文化。   ( )
   A. 正确   B. 错误

28. 海底捞服务员灵活提供婴儿车和生日惊喜,体现管理的科学性。   ( )
   A. 正确   B. 错误

29. 管理的主体可以是普通员工。   ( )
   A. 正确   B. 错误

30. 班级设立学习小组属于领导职能。   ( )
   A. 正确   B. 错误

31. 学校老师制订个性化教学计划属于决策职能。   ( )
   A. 正确   B. 错误

32. 某企业引入自动化分拣设备,体现管理的社会属性。   ( )
   A. 正确   B. 错误

33. 管理控制职能的目的是确保组织按计划运作。   ( )
   A. 正确   B. 错误

34. 某快递公司使用AI预测仓储需求,体现自然属性。   ( )
   A. 正确   B. 错误

35. 某经理调解员工之间利益冲突,属于组织职能。   ( )
   A. 正确   B. 错误

36. 某公司为提高决策效率,将所有部门审批权收归总经理一人,导致中层管理者积极性下降。这一做法违背了管理的适度原理。   ( )
   A. 正确   B. 错误

37. 行为可协调性的前提是行为的可预测性。   ( )

A. 正确　　　　　　　　　　　　B. 错误

38. 某企业为适应环保政策，调整生产流程并增加社会责任投入，这体现了管理的自然属性。（　　）

A. 正确　　　　　　　　　　　　B. 错误

39. 法约尔的"等级制度"原则要求从最高层到最低层建立明确的权力链，与"跳板原则"冲突。（　　）

A. 正确　　　　　　　　　　　　B. 错误

40. 泰勒的职能工长制主张由一名工长统一负责生产计划、质量控制和设备维护等所有管理职责。（　　）

A. 正确　　　　　　　　　　　　B. 错误

三、名词解释（本大题共 3 小题，每小题 4 分，共 12 分。）

41. 科层组织

42. 差别计件工资制

43. 效益原理

四、简答题（本大题共 3 小题，每小题 8 分，共 24 分。）

44. 简述管理的基本特征。

45. 简述管理的自然属性和社会属性。

46. 简述泰勒的科学管理理论。

五、案例分析题(本大题共有两题,其中案例一为选择题,每小题2分,共10分;案例二为文字分析题,每小题7分,共14分。)

案例一　校园文化节的管理实践

某中职学校学生会组织校园文化节活动期间,学生会主席小王在统筹协调中遭遇双重挑战。首先暴露出分工混乱的问题:宣传部与文艺部同时承担海报设计任务,导致人力与物料资源重复投入。活动当天又遇突发危机:暴雨突袭,导致户外舞台无法使用,部分学生情绪激动要求取消活动,现场陷入混乱。

面对双重压力,小王迅速启动应急管理:一方面重组分工体系,明确宣传部专注视觉宣传、文艺部主抓节目质量;另一方面灵活调整方案,将演出迁至室内礼堂,安排30名志愿者分流引导观众、安抚情绪。通过动态调配资源与快速响应变化,最终保障了12个节目顺利展演。

根据本案例材料回答下列问题:

47. 小王重新明确宣传部和文艺部的分工,这一举措主要体现了管理的(　　)。
   A. 计划职能　　　　　　　B. 组织职能
   C. 领导职能　　　　　　　D. 控制职能

48. 暴雨导致户外演出取消,小王迅速改为室内演出并安排志愿者引导。这属于管理中的(　　)。
   A. 决策职能　　　　　　　B. 控制职能
   C. 创新职能　　　　　　　D. 领导职能

49. 将演出改为室内并引导观众,体现了管理的原理是(　　)。
   A. 人本原理　　　　　　　B. 系统原理
   C. 效益原理　　　　　　　D. 适度原理

50. 小王在解决分工混乱时重新明确部门职责,暴雨后灵活调整演出方案。这分别体现了管理的(　　)。
   A. 科学性与艺术性　　　　B. 科学性与自然属性
   C. 社会属性与艺术性　　　D. 控制职能与创新职能

51. (多选)小王在应对分工混乱和突发情况时,可能涉及的管理职能包括(　　)。
   A. 组织　　　　　　　　　B. 领导
   C. 控制　　　　　　　　　D. 创新

案例二　快乐番薯改革

快乐番薯是一家连锁奶茶店,近期为提升生产效率并增加利润,决定引入标准化奶茶制作机器。该机器可自动完成原料配比、搅拌、封口等关键步骤,同时内置传感器实时监控操作时间。同时公司对现有生产流程和管理体系进行改革。首先对完成标准杯数(100杯/日)的员工按高单价酬劳,未达标者按低单价计算;超额部分可额外奖励。设立"设备维护工长""原料调配工长"等,专人专责,提升专业性与效率。给管理者减负,店长仅处理机器故障、客诉等重大问题,日常运营由职能工长自主决策,提高管理灵活性与响应速度。

根据本案例材料回答下列问题:

52. 快乐番薯主要运用了哪种古典管理理论?具体体现在哪些方面?

53. 快乐番薯在疫情期间推行了以下措施:
①引入智能点餐系统,实现无接触配送,提升运营效率;
②设立"员工心理健康日",定期开展团队关怀活动;
③通过企业文化培训,强化"温暖服务"的品牌价值观。

上述措施中哪些体现管理的自然属性?哪些体现了社会属性?社会属性和哪些因素相关?

【管理学基础】第二章单元测试 A 卷

注意事项：

1. 本卷共 100 分，分为试卷和答题卡两部分，考生必须在答题卡上作答，作答在试卷上无效。
2. 作答前务必将自己的姓名和准考证号准确清晰地填写在试卷和答题卡的指定位置。
3. 考试结束时，须将试卷和答题卡一并交回。

一、单项选择题（本大题共 20 小题，每小题 1 分，共 20 分。在每小题列出的四个备选项中只有一个是符合题目要求的，请选出并将答题卡上对应的答案代码涂黑，错涂、多涂或未涂均不得分。）

1. 与战略决策相对应的决策者是（　　）。
   A. 高层管理者　　　　　　B. 中层管理者
   C. 基层管理者　　　　　　D. 一般管理者

2. 与业务决策相对应的时间特点是（　　）。
   A. 长期性　　　　　　　　B. 中期性
   C. 短期性　　　　　　　　D. 瞬时性

3. 为解决偶然出现、一次性或很少重复发生的问题作出的决策是（　　）。
   A. 程序化决策　　　　　　B. 非程序化决策
   C. 确定型决策　　　　　　D. 风险型决策

4. 各种方案所需的条件已知，且知道每一方案各种后果发生概率的决策是（　　）。
   A. 群体决策　　　　　　　B. 风险型决策
   C. 确定型决策　　　　　　D. 不确定型决策

5. 人们常说"光打雷，不下雨"是对"只决不行"状况的形象描述。则应加强决策的环节是（　　）。
   A. 识别问题　　　　　　　B. 诊断目标
   C. 制定备选方案　　　　　D. 实施和监督

6. 决策过程的第一个阶段是（　　）。
   A. 诊断原因　　　　　　　B. 识别问题
   C. 确定目标　　　　　　　D. 制定备选方案

7. 避实就虚，不与对手正面竞争；产品开发紧跟对手，后发制人。以上策略属于（　　）。
   A. 防守战略　　　　　　　B. 撤退战略
   C. 经营战略　　　　　　　D. 进攻战略

8. 进行企业外部环境和内部条件分析常用的方法是（　　）。
   A. SWOT 分析法　　　　　 B. PEST 分析法
   C. 波特五力分析法　　　　D. 生命周期分析法

9. 美国学者波特的五力模型中不包括（　　）。
   A. 供应商　　　　　　　　B. 销售商
   C. 政府政策　　　　　　　D. 替代品生产者

10. 按决策问题的重要性程度划分，决策可分为（　　）。
    A. 个人决策和群体决策　　B. 确定型决策与不确定型决策
    C. 程序化决策和非程序化决策　　D. 战略决策、战术决策和业务决策

11. 在 PEST 分析法中，"S"代表的是（　　）。
    A. 技术环境　　　　　　　B. 经济环境
    C. 社会与文化环境　　　　D. 政治与法律环境

12. 下列属于非程序化决策的是（　　）。
    A. 日常物资采购　　　　　B. 组织结构调整
    C. 生产进度安排　　　　　D. 员工考勤管理

13. 在 SWOT 分析中，企业利用技术优势规避外部政策风险，属于（　　）。
    A. SO 战略　　　　　　　 B. ST 战略
    C. WO 战略　　　　　　　D. WT 战略

14. 某工厂根据月度生产计划向班组下达具体任务单，该任务单属于（　　）。
    A. 战略计划　　　　　　　B. 战术计划
    C. 作业计划　　　　　　　D. 综合计划

15. 计划职能的核心是（　　）。
    A. 控制偏差　　　　　　　B. 组织资源分配
    C. 领导团队执行　　　　　D. 确定目标和方案

16. 下列属于战略计划的是（　　）。
    A. 员工培训计划　　　　　B. 新产品研发战略
    C. 生产车间排班计划　　　D. 企业年度销售计划

17. 长期计划的时间跨度通常为（　　）。
    A. 1~3 年　　　　　　　　B. 3~5 年
    C. 5 年左右　　　　　　　D. 5 年以上

18. 战略计划的显著特点包括( )。
   A. 目的性   B. 创新性
   C. 长期性   D. 效率性
19. 目标管理理论的提出者是( )。
   A. 甘特   B. 韦伯
   C. 法约尔   D. 德鲁克
20. 目标管理的最后阶段是( )。
   A. 目标制定   B. 目标实施
   C. 成果评价   D. 计划调整

二、判断选择题(本大题共20小题，每小题1分，共20分。判断下列各小题正误，正确的请将答题卡上对应题目的答案代码"A"涂黑，错误的请将答题卡上对应题目的答案代码"B"涂黑。未涂、错涂或多涂均不得分。)

21. 决策者指的是高层管理者。   ( )
   A. 正确   B. 错误
22. 决策过程的第一步是确定目标。   ( )
   A. 正确   B. 错误
23. 战略决策通常包括组织目标、方针的确定，组织机构的调整，企业产品的更新换代，技术改造等。   ( )
   A. 正确   B. 错误
24. 有些紧急情况下，集体决策比不上极有判断力的个人决策。   ( )
   A. 正确   B. 错误
25. 如果管理者不知道未来情况有多少种，或虽知道有多少种，但不知道每种情况发生的概率，所采用的是风险型决策。   ( )
   A. 正确   B. 错误
26. 程序化决策适用于重复性、结构性问题。   ( )
   A. 正确   B. 错误
27. 决策的原则是"最优"，而不是"满意"。   ( )
   A. 正确   B. 错误
28. 群体决策更容易导致妥协。   ( )
   A. 正确   B. 错误
29. PEST分析法属于具体环境分析方法。   ( )
   A. 正确   B. 错误
30. SWOT分析法中"新兴市场拓展"属于T。   ( )
   A. 正确   B. 错误
31. 波特五力模型中，潜在进入者的威胁程度与行业进入障碍的高低无关。( )
   A. 正确   B. 错误
32. 新能源汽车企业因依赖少数电池供应商，在价格谈判中处于劣势，反映了波特五力模型中的"卖方议价实力"威胁。   ( )
   A. 正确   B. 错误
33. 名词意义上的"计划"(Plans)是动态的制定过程，而动词意义上的"计划"(Planning)是静态的文档。   ( )
   A. 正确   B. 错误
34. 战术计划的时间跨度通常比战略计划更长。   ( )
   A. 正确   B. 错误
35. 作业计划是战略计划的分解与落实，具有可重复性。   ( )
   A. 正确   B. 错误
36. 作业计划通常由基层管理者制订。   ( )
   A. 正确   B. 错误
37. 目标管理强调员工参与目标的制定，并通过自我控制实现目标。( )
   A. 正确   B. 错误
38. 目标管理的成果评价阶段仅需上级对下级的目标完成情况进行考核。( )
   A. 正确   B. 错误
39. 目标管理是由迈克尔·波特提出的系统性管理方法。   ( )
   A. 正确   B. 错误
40. 目标管理的成果评价仅关注目标是否达成，无须分析实施过程中的问题。( )
   A. 正确   B. 错误

三、名词解释(本大题共3小题，每小题4分，共12分。)

41. 非程序化决策

42. PEST分析法

43. 项目计划

四、简答题(本大题共3小题,每小题8分,共24分。)

44. 群体决策有哪些优点和缺点?

45. 简述计划的编制过程。

46. 简述目标管理的实施过程。

五、案例分析题(本大题共有两题,其中案例一为单选题,每小题2分,共10分;案例二为文字分析题,每小题7分,共14分。)

案例一 新能源汽车的战略决策

某新能源汽车企业计划进入东南亚市场。外部环境分析显示:当地政府提供购车补贴,人均收入增长,环保意识增强,充电基础设施不足。该企业电池技术领先,品牌知名度低。企业以自身领先的电池技术,快速弥补当地充点设施不足的短板,推出中低端车型抢占市场。

根据本案例材料回答下列问题:

47. 企业应用PEST分析法时,充电基础设施不足属于(　　)。

　　A. 政治因素　　　　　　　　B. 经济因素

　　C. 社会因素　　　　　　　　D. 技术因素

48. "某新能源汽车企业计划进入东南亚市场",该决策属于(　　)。

　　A. 战略决策　　　　　　　　B. 战术决策

　　C. 业务决策　　　　　　　　D. 程序化决策

49. 企业采用SWOT分析时,"品牌知名度低"属于(　　)。

　　A. 机会　　　　　　　　　　B. 威胁

　　C. 优势　　　　　　　　　　D. 劣势

50. "企业以自身领先的电池技术,快速弥补当地充点设施不足的短板",在SWOT分析中属于(　　)。

　　A. SO战略　　　　　　　　　B. WO战略

　　C. ST战略　　　　　　　　　D. WT战略

51. 企业制订"3年内东南亚市场份额达到10%"的计划，该计划属于（　　）。

A. 长期计划　　　　　　　　B. 中期计划

C. 短期计划　　　　　　　　D. 战略计划

案例二　连锁书店的危机应对与创新

"文心书屋"近年来受电子书与线上购书平台冲击，客流量下降30%，门店利润率不足5%。其核心挑战包括：电子书和线上零售通过低价促销与便捷配送抢占市场；供应商依赖严重——70%图书采购集中于前三大出版社。消费者价格敏感性加剧了这一困境，会员复购率仅40%，远低于行业平均水平。

面对经营困境，"文心书屋"管理层提出两种应对方案：方案一聚焦线下体验，主张聚焦现有会员体系，通过增设"读书分享会""作者签售会"等线下体验活动提升复购率；方案二拓展线上渠道，建议搭建线上小程序，实现"线上下单+线下自提/配送"模式，并尝试与独立出版社合作开发独家纸质书品类。

根据本案例材料回答下列问题：

52. 运用波特五力模型，分析"文心书屋"面临的竞争压力。

53. 根据环境可控程度与决策重要性，分析"文心书屋"管理层提出的方案一和方案二分别属于何种决策类型，说明判断依据。

【管理学基础】第二章单元测试 B 卷

注意事项：
1. 本卷共 100 分，分为试卷和答题卡两部分，考生必须在答题卡上作答，作答在试卷上无效。
2. 作答前务必将自己的姓名和准考证号准确清晰地填写在试卷和答题卡的指定位置。
3. 考试结束时，须将试卷和答题卡一并交回。

一、单项选择题（本大题共 20 小题，每小题 1 分，共 20 分。在每小题列出的四个备选项中只有一个是符合题目要求的，请选出并将答题卡上对应的答案代码涂黑，错涂、多涂或未涂均不得分。）

1. 与业务决策相对应的决策者是（　　）。
   A. 高层管理者　　　　B. 中层管理者
   C. 基层管理者　　　　D. 一般管理者

2. 与战略决策相对应的时间特点是（　　）。
   A. 长期性　　　　B. 中期性
   C. 短期性　　　　D. 瞬时性

3. 针对诸如生产任务的日常安排、常用物资的订货与采购等例行问题进行决策的是（　　）。
   A. 程序化决策　　　　B. 非程序化决策
   C. 确定型决策　　　　D. 风险型决策

4. 在有关活动尚未进行、环境未受到影响的情况下作出的决策是（　　）。
   A. 长期决策　　　　B. 战术决策
   C. 初始决策　　　　D. 程序化决策

5. 群体决策的优点不包括（　　）。
   A. 速度更快　　　　B. 易于执行
   C. 方案更全面　　　　D. 集中专家智慧

6. 班级组建策划小组筛选班级布置方案，这种决策主体属于（　　）。
   A. 个体决策　　　　B. 群体决策
   C. 战略决策　　　　D. 业务决策

7. 某公司市场份额下降后重新调整产品结构，此决策属于（　　）。
   A. 初始决策　　　　B. 追踪决策
   C. 业务决策　　　　D. 程序化决策

8. 在波特五力模型中，共享单车对传统单车的威胁属于（　　）。
   A. 替代品　　　　B. 行业竞争
   C. 买方议价能力　　　　D. 潜在进入者

9. 某项目经理因突发洪水调整施工方案，此决策属于（　　）。
   A. 战略决策　　　　B. 程序化决策
   C. 确定型决策　　　　D. 非程序化决策

10. 迈克尔·波特认为行业竞争的五种力量不包括（　　）。
    A. 科学技术　　　　B. 替代产品
    C. 潜在进入者　　　　D. 行业竞争者

11. 在 SWOT 分析法中，T 表示（　　）。
    A. 优势　　　　B. 劣势
    C. 机会　　　　D. 威胁

12. 波特五力模型分析的是（　　）。
    A. 宏观环境　　　　B. 内部环境
    C. 行业竞争环境　　　　D. 社会文化环境

13. 在 PEST 分析法中，"消费者环保意识增强"属于（　　）。
    A. 政治环境　　　　B. 经济环境
    C. 社会环境　　　　D. 技术环境

14. 在 SWOT 分析法中，"企业设备老化"属于（　　）。
    A. S　　　　B. W
    C. O　　　　D. T

15. 有人提出以下几种建议，以应付不确定且经常出现重大突发事件的经营环境。你最赞同的建议是（　　）。
    A. 计划一旦制订就应保持其严肃性，企业可采取以不变应万变的做法
    B. 一旦环境发生变化，企业就应该主动放弃原计划而制订新计划
    C. 通过动态调整计划来适应环境变化，以保持中长期计划的灵活性
    D. 在保持原计划不变的同时，根据突变情况另外制订应急计划

16. 企业制订"通过至少 5 年时间成为 AI 解决方案全球领先者"的计划，属于（　　）。
    A. 战术计划　　　　B. 作业计划
    C. 中期计划　　　　D. 长期计划

17. "企业针对某新产品开发制订专项计划"属于（　　）。

A. 综合计划　　　　　　　　　B. 专业计划
C. 项目计划　　　　　　　　　D. 临时计划

18. 1954年美国管理学家彼得·德鲁克首次提出"目标管理"的著作是（　　）。
A. 《经理的职能》　　　　　　B. 《管理的实践》
C. 《伟大的组织者》　　　　　D. 《有效的管理者》

19. 下列属于动词意义上"计划"的是（　　）。
A. 项目进度报告　　　　　　　B. 企业年度计划书
C. 部门季度目标表　　　　　　D. 制定新产品研发方案

20. 计划在管理职能中的作用不包括（　　）。
A. 提供控制标准　　　　　　　B. 消除所有风险
C. 协调组织活动　　　　　　　D. 激励员工士气

二、判断选择题（本大题共20小题，每小题1分，共20分。判断下列各小题正误，正确的请将答题卡上对应题目的答案代码"A"涂黑，错误的请将答题卡上对应题目的答案代码"B"涂黑。未涂、错涂或多涂均不得分。）

21. 基层管理者常参与战略决策。（　　）
A. 正确　　　　　　　　　　　B. 错误

22. 程序化决策涉及的是例外问题，而非程序化决策涉及的是例行问题。（　　）
A. 正确　　　　　　　　　　　B. 错误

23. 如果未来情况不止一种，管理者不知道到底哪一种情况会发生，但知道每种情况发生的概率，所采用的是不确定型决策。（　　）
A. 正确　　　　　　　　　　　B. 错误

24. 越重要的问题就更应该由个人决策，避免出现权责不清、拖延时间的情况。（　　）
A. 正确　　　　　　　　　　　B. 错误

25. 确定型决策要求决策者能准确预测各方案的结果。（　　）
A. 正确　　　　　　　　　　　B. 错误

26. 非程序化决策多见于基层管理者的日常工作。（　　）
A. 正确　　　　　　　　　　　B. 错误

27. 群体决策总能避免个人偏见，因此优于个体决策。（　　）
A. 正确　　　　　　　　　　　B. 错误

28. 在SWOT分析中，劣势和威胁均属于内部因素。（　　）
A. 正确　　　　　　　　　　　B. 错误

29. 在PEST分析法中，利率波动属于技术环境。（　　）
A. 正确　　　　　　　　　　　B. 错误

30. PEST分析法主要用于分析企业的行业竞争环境。（　　）
A. 正确　　　　　　　　　　　B. 错误

31. 替代品的威胁仅指直接替代产品，不包括间接满足需求的产品。（　　）
A. 正确　　　　　　　　　　　B. 错误

32. 一家咖啡连锁品牌注意到商圈内新增多家同类咖啡店，销量下降，这属于波特五力模型中"现有竞争者"的威胁。（　　）
A. 正确　　　　　　　　　　　B. 错误

33. 计划职能是管理的首要职能，为组织、领导、控制提供基础。（　　）
A. 正确　　　　　　　　　　　B. 错误

34. "年度销售目标分解为月度任务"属于作业计划。（　　）
A. 正确　　　　　　　　　　　B. 错误

35. 战略计划由高层管理者制订，具有全局性和长期性。（　　）
A. 正确　　　　　　　　　　　B. 错误

36. 计划的"普遍性"是指计划仅适用于大型组织。（　　）
A. 正确　　　　　　　　　　　B. 错误

37. 动词意义上的计划是指制定目标。（　　）
A. 正确　　　　　　　　　　　B. 错误

38. 目标管理的目的是通过严格考核惩罚员工。（　　）
A. 正确　　　　　　　　　　　B. 错误

39. 目标管理强调"自我控制"和"成果导向"。（　　）
A. 正确　　　　　　　　　　　B. 错误

40. 目标管理通过将总目标分解到个人，形成上下一致的目标体系。（　　）
A. 正确　　　　　　　　　　　B. 错误

三、名词解释（本大题共3小题，每小题4分，共12分。）

41. 战略决策

42. 计划（动词）

43. 目标管理

四、简答题(本大题共3小题,每小题6分,共18分。)

44. 简述决策过程。

45. 简述波特五力模型分析法的主要内容。

46. 简述计划在管理职能中的作用。

五、案例分析题(本大题共有两题,其中案例一为选择题,47~49每小题2分,50~51每小题3分,共12分;案例二为文字分析题,每小题6分,共18分。)

案例一 茶马古道商队的决策与计划管理

清代"裕泰昌"商号经营滇藏茶叶贸易,面临三大风险:①气候变化导致道路中断;②马帮劫掠造成货物损失,劫掠风险年均发生概率约30%,每次损失约占货物价值的50%;③藏区银价波动影响利润。大掌柜采取以下措施:

首先分设雨季/旱季运输路线(应对气候变化);

其次与镖局签订固定护航合约(防范劫掠);

最后建立白银-茶叶对冲机制(抵消银价波动)。

通过目标管理将年损耗率从20%降至10%,并制定《商队季候行商规则》,明确雨季走澜沧江支线、旱季走茶马主线。

根据本案例材料回答下列问题:

47. 与镖局签订固定护航合约的决策类型是(　　)。
   A. 确定型决策 　　　　　　　　B. 风险型决策
   C. 非程序化决策 　　　　　　　D. 不确定型决策

48. 茶税政策调整属于PEST分析中的(　　)。
   A. 技术环境 　　　　　　　　　B. 经济环境
   C. 社会与文化环境 　　　　　　D. 政治与法律环境

49. 《商队季候行商规则》的制定属于(　　)。
   A. 战略计划 　　　　　　　　　B. 战术计划
   C. 程序化决策 　　　　　　　　D. 非程序化决策

— 3 —

50. (多选)对"裕泰昌"商号而言,下列属于SWOT分析中"O"的是( )。
A. 商号茶叶收购网络成熟
B. 银价波动导致利润不稳
C. 与寺庙合作开辟专属渠道
D. 藏区佛教节庆带动茶叶需求

51. (多选)下列描述中属于目标管理的体现有( )。
A. 年度目标完成度考核
B. 大掌柜个人经验决策
C. 护航镖局确定分段责任
D. 损耗率≤10%的量化目标

案例二 传统制造企业的数字化转型

某传统家具制造企业华木家居长期依赖线下经销商渠道,近年面临年轻消费者偏好变化,越来越个性化等挑战,同时电商行业高速发展为公司转型提供了方向。华木家居工艺精湛、原材料供应稳定,但线上运营经验不足、品牌老化。管理层决定:

投资搭建自有电商平台,与头部设计师合作推出定制化产品;通过目标管理将线上销售额占比从5%提升至25%(3年期限),并将目标分解至设计、生产、营销各部门。

根据本案例材料回答下列问题:

52. 应用SWOT分析法,结合案例说明华木家居的内外部环境。

53. 华木家居若采用"SO战略"应如何应对?

54. 按计划跨越的时间间隔分类,计划有哪些类型?"3年线上销售额占比目标"属于哪种计划类型?

【管理学基础】第三章单元测试 A 卷

注意事项：

1. 本卷共 100 分，分为试卷和答题卡两部分，考生必须在答题卡上作答，作答在试卷上无效。
2. 作答前务必将自己的姓名和准考证号准确清晰地填写在试卷和答题卡的指定位置。
3. 考试结束时，须将试卷和答题卡一并交回。

一、单项选择题（本大题共 20 小题，每小题 1 分，共 20 分。在每小题列出的四个备选项中只有一个是符合题目要求的，请选出并将答题卡上对应的答案代码涂黑，错涂、多涂或未涂均不得分。）

1. 组织内各合作方之间为了实现组织目标所构建出来的一种稳定关系称为（　　）。
   A. 组织关系　　　　　　　　B. 组织管理
   C. 组织结构　　　　　　　　D. 组织变革

2. 钱德勒认为，战略发展的第一阶段是（　　）。
   A. 地区开拓阶段　　　　　　B. 数量扩大阶段
   C. 纵向联合开拓阶段　　　　D. 产品多样化阶段

3. 根据伍德沃德的观点，服装的定制适用于（　　）。
   A. 流程生产技术　　　　　　B. 集中生产技术
   C. 大批量生产技术　　　　　D. 单件小批量生产技术

4. 权责对等原则强调（　　）。
   A. 分权优于集权　　　　　　B. 集权优于分权
   C. 权力可大于责任　　　　　D. 权力与责任相匹配

5. 在组织设计过程中，应使组织的各个部门、成员可以根据环境变化灵活调整，这体现了（　　）。
   A. 柔性经济原则　　　　　　B. 权责对等原则
   C. 分工与协作原则　　　　　D. 有效管理幅度原则

6. 矩阵制组织结构的缺点是（　　）。
   A. 资源重复配置　　　　　　B. 部门间协作困难
   C. 不利于专业化分工　　　　D. 多头领导，权责不清

7. 最早出现、多见于早期军队和小规模生产组织的一种组织结构形式是（　　）。
   A. 直线制　　　　　　　　　B. 职能制
   C. 矩阵制　　　　　　　　　D. 直线职能制

8. 实行"集中决策，分散经营"的组织形式是（　　）。
   A. 直线制　　　　　　　　　B. 矩阵制
   C. 职能制　　　　　　　　　D. 事业部制

9. 最适用于组织部门间的横向协作和攻关项目的组织结构形式是（　　）。
   A. 职能制　　　　　　　　　B. 矩阵制
   C. 事业部制　　　　　　　　D. 直线职能制

10. 以专业职能作为划分部门的基础，也称为 U 形结构的组织结构是（　　）。
    A. 直线制　　　　　　　　　B. 职能制
    C. 事业部制　　　　　　　　D. 直线职能制

11. M 型组织的组织结构称为（　　）。
    A. 直线制　　　　　　　　　B. 职能制
    C. 事业部制　　　　　　　　D. 直线职能制

12. 一个管理幅度为 5、组织层级为 6 的企业共有管理者（　　）。
    A. 125 人　　　　　　　　　B. 625 人
    C. 781 人　　　　　　　　　D. 3 125 人

13. 把组织分为正式组织和非正式组织的是（　　）。
    A. 梅奥　　　　　　　　　　B. 泰罗
    C. 韦伯　　　　　　　　　　D. 巴纳德

14. 管理幅度与管理层级的关系是（　　）。
    A. 正比关系　　　　　　　　B. 反比关系
    C. 指数关系　　　　　　　　D. 无明确关系

15. 非正式组织的导向是（　　）。
    A. 组织利益　　　　　　　　B. 信息沟通
    C. 组织目标　　　　　　　　D. 人际关系和谐

16. 规章制度、道德规范、员工行为准则是组织文化的（　　）。
    A. 显现层　　　　　　　　　B. 中间层
    C. 精神层　　　　　　　　　D. 物质层

17. 能够最大限度地激发组织成员的积极性和创新精神的是组织文化的（　　）。
    A. 导向功能　　　　　　　　B. 凝聚功能
    C. 激励功能　　　　　　　　D. 约束功能

18. 可以帮助新加入组织的成员尽快适应组织，使自己的个人价值观更好地与组织需

— 1 —

相匹配，这是组织文化的(　　)。
　　A. 调适功能　　　　　　　　B. 辐射功能
　　C. 导向功能　　　　　　　　D. 凝聚功能

19. 在整个组织文化中处于核心地位，为组织文化灵魂的是(　　)。
　　A. 物质层　　　　　　　　　B. 行为层
　　C. 制度层　　　　　　　　　D. 精神层

20. 组织文化对社会产生影响的功能是(　　)。
　　A. 辐射功能　　　　　　　　B. 调适功能
　　C. 导向功能　　　　　　　　D. 激励功能

二、判断选择题(本大题共20小题，每小题1分，共20分。判断下列各小题正误，正确的请将答题卡上对应题目的答案代码"A"涂黑，错误的请将答题卡上对应题目的答案代码"B"涂黑。未涂、错涂或多涂均不得分。)

21. 环境变化是影响组织结构设计的一项重要因素。(　　)
　　A. 正确　　　　　　　　　　B. 错误

22. 组织设计的实质是对管理人员的管理活动进行横向和纵向的分工。(　　)
　　A. 正确　　　　　　　　　　B. 错误

23. 组织设计仅包括静态的组织结构设计，不涉及动态的运行制度设计。(　　)
　　A. 正确　　　　　　　　　　B. 错误

24. 某企业因市场竞争加剧，增设"市场调研部"应对环境变化，这属于组织设计中的职能设计。(　　)
　　A. 正确　　　　　　　　　　B. 错误

25. "一个下级只接受一个上级指挥"体现了组织设计的分工与协作原则。(　　)
　　A. 正确　　　　　　　　　　B. 错误

26. 某企业通过减少管理层级、扩大管理幅度提升效率，符合有效管理幅度原则。(　　)
　　A. 正确　　　　　　　　　　B. 错误

27. 矩阵制组织结构内成员可能因为同时接受几个领导的管理，容易造成管理秩序混乱。(　　)
　　A. 正确　　　　　　　　　　B. 错误

28. 直线制组织结构适用于规模较大、技术复杂的企业。(　　)
　　A. 正确　　　　　　　　　　B. 错误

29. 某跨国公司按"产品类别"划分事业部，实行"集中决策，分散经营"，属于矩阵制结构。(　　)
　　A. 正确　　　　　　　　　　B. 错误

30. 矩阵制组织结构的优点包括稳定性强和权责对等。(　　)
　　A. 正确　　　　　　　　　　B. 错误

31. 直线职能制中，职能部门拥有对基层的直接指挥权。(　　)
　　A. 正确　　　　　　　　　　B. 错误

32. 非正式组织的行为逻辑是非理性的。(　　)
　　A. 正确　　　　　　　　　　B. 错误

33. 某企业鼓励员工自发成立"创新小组"并提供活动支持，这是利用非正式组织的正面作用。(　　)
　　A. 正确　　　　　　　　　　B. 错误

34. 某企业在创业初期采用集权管理，符合组织成长阶段的特点。(　　)
　　A. 正确　　　　　　　　　　B. 错误

35. 分权意味着所有决策权都下放到基层员工。(　　)
　　A. 正确　　　　　　　　　　B. 错误

36. 制度层的组织文化是组织价值观的核心，是组织文化的灵魂。(　　)
　　A. 正确　　　　　　　　　　B. 错误

37. 某公司的"员工行为规范手册"属于组织文化的制度层。(　　)
　　A. 正确　　　　　　　　　　B. 错误

38. 某企业通过"月度创新奖"激励员工，体现了组织文化的约束功能。(　　)
　　A. 正确　　　　　　　　　　B. 错误

39. 强势组织文化可能压制成员多样性，阻碍创新。(　　)
　　A. 正确　　　　　　　　　　B. 错误

40. 组织文化的辐射功能仅影响内部成员，不涉及外部社会。(　　)
　　A. 正确　　　　　　　　　　B. 错误

三、名词解释(本大题共3小题，每小题4分，共12分。)

41. 组织设计

42. 直线职能制组织结构

43. 非正式组织

四、简答题(本大题共3小题,每小题8分,共24分。)

44. 简述组织设计的原则。

45. 简述事业部制组织结构有何优点。

46. 组织文化对各项管理活动的正向功能。

五、案例分析题(本大题共有两题,其中案例一为单选题,每小题2分,共10分;案例二为文字分析题,每小题7分,共14分。)

案例一 一寻公司整合

一寻公司是一家拥有300名员工的软件企业,近年来发现内部存在多个非正式组织,如"技术爱好者联盟""午餐健身小组"等。此外,公司去年并购了一家初创企业,双方在工作风格和价值观(一方重视客户稳定,另一方追求技术创新)上存在明显冲突。"技术爱好者联盟"在并购后主动组织技术交流沙龙,促进了双方团队的技术融合;而"午餐健身小组"继续传播未经证实的裁员消息,引发员工焦虑。

为整合资源,一寻公司决定调整组织结构,从直线职能制改为矩阵制。公司管理层级从3层增至4层,部分部门管理者的管理幅度从8人缩减至5人。

根据本案例材料回答下列问题:

47. 并购后出现的冲突属于组织文化的( )。
    A. 物质层　　　　　　　　B. 制度层
    C. 精神层　　　　　　　　D. 行为层

48. 案例中的"技术爱好者联盟"属于( )。
    A. 正式组织　　　　　　　B. 非正式组织
    C. 矩阵制团队　　　　　　D. 事业部组织

49. 一寻公司引入矩阵制的主要目的是( )。
    A. 减少管理成本　　　　　B. 强化集权控制
    C. 简化管理层级　　　　　D. 加强跨部门协作

50. 案例中一寻公司管理层级和管理幅度的变化,可能引发的问题是( )。

A. 决策效率下降　　　　　　　　B. 横向协作增强
C. 集权程度降低　　　　　　　　D. 管理成本减少

51. 案例中主要体现了非正式组织的(　　)。
A. 正面作用　　　　　　　　　　B. 负面作用
C. 均有体现　　　　　　　　　　D. 均未体现

案例二　华为的矩阵制组织结构变革

华为曾采用矩阵制组织结构，结合了按职能划分的垂直管理系统(如研发部、市场部)和按产品线划分的横向项目组(如交换机项目、传输设备项目)。项目组成员来自不同职能部门，任务完成后即解散回归原部门。初期这种结构帮助华为快速完成技术攻关(如 C&C08 交换机研发)，通过跨部门协作实现了创新。但随着业务扩展，问题逐渐暴露：

项目组成员需同时接受职能经理和产品经理的指令，权责分配混乱；

项目组为临时性组织，核心成员频繁变动；

部分项目负责人觉得项目结束后要回到原部门工作，不愿意肩负责任，消极怠工。

根据本案例材料回答下列问题：

52. 根据矩阵制组织结构的特点，分析华为初期采用这种结构的优势，并说明后期出现问题的根本原因。

53. 案例中"多头指挥"问题违反了组织设计的哪一项原则？请提出一种简单的解决办法，并说明理由。

【管理学基础】第三章单元测试 B 卷

注意事项：

1. 本卷共 100 分，分为试卷和答题卡两部分，考生必须在答题卡上作答，作答在试卷上无效。
2. 作答前务必将自己的姓名和准考证号准确清晰地填写在试卷和答题卡的指定位置。
3. 考试结束时，须将试卷和答题卡一并交回。

一、单项选择题（本大题共 20 小题，每小题 1 分，共 20 分。在每小题列出的四个备选项中只有一个是符合题目要求的，请选出并将答题卡上对应的答案代码涂黑，错涂、多涂或未涂均不得分。）

1. "结构服从战略"的提出者是（　　）。
   A. 奎因　　　　　　　　B. 钱德勒
   C. 卡梅隆　　　　　　　D. 葛瑞纳

2. 组织中主管人员监督管辖其直接下属的人数越是适当，就越是能够保证组织的有效运行。这是组织设计原则的（　　）。
   A. 柔性经济原则　　　　B. 统一指挥原则
   C. 分工与协作原则　　　D. 有效管理幅度原则

3. 确定合理的管理幅度是组织设计的重要内容，下列说法中正确的是（　　）。
   A. 管理幅度越窄，越易控制，管理的费用越低
   B. 管理幅度越宽，组织层次越少，管理的费用越高
   C. 管理幅度的确定仅取决于管理者的管理能力
   D. 不同的管理者、下属素质等因素将决定管理幅度

4. 责任与权力之间不可分割，必须是协调的、平衡的和统一的，这是组织工作中的（　　）。
   A. 权责对等原则　　　　B. 柔性经济原则
   C. 目标一致原则　　　　D. 分工与协作原则

5. 在组织设计中，跨国企业需考虑东道国的政治、经济等，体现了影响组织设计的因素是（　　）。
   A. 技术　　　　　　　　B. 环境
   C. 规模　　　　　　　　D. 战略

6. 某汽车制造企业采用流水线生产，强调标准化流程和集权管理。其生产技术类型最可能是（　　）。
   A. 流程生产技术　　　　B. 大批量生产技术
   C. 定制化生产技术　　　D. 单件小批量生产技术

7. 下列关于事业部制的说法中错误的是（　　）。
   A. 滋生本位主义　　　　B. 有利于专业化人才的培养
   C. 特点是集中决策、分散经营　　D. 机构重复设置，管理成本高

8. 某初创奶茶店仅有 5 名员工，老板直接管理所有事务，无明确部门划分。其组织结构最可能是（　　）。
   A. 直线制　　　　　　　B. 职能制
   C. 矩阵制　　　　　　　D. 直线制直线

9. 海尔集团将采购、销售职能整合为独立部门，总部保留战略决策权，这属于（　　）。
   A. 职能制　　　　　　　B. 矩阵制
   C. 事业部制　　　　　　D. 直线职能制

10. 某企业研发新产品时，临时从市场部、技术部抽调人员组成项目组，成员需向项目经理和原部门主管汇报。这属于（　　）。
    A. 直线制　　　　　　　B. 矩阵制
    C. 职能制　　　　　　　D. 事业部制

11. 信息从基层传递到总监那里所花的时间很长，且易失真，最可能的原因是（　　）。
    A. 组织幅度大，层级多　　B. 组织幅度大，层级少
    C. 组织幅度小，层级多　　D. 组织幅度小，层级少

12. 当组织规模一定时，管理幅度与组织层级呈（　　）。
    A. 反比例　　　　　　　B. 正比例
    C. 一致性　　　　　　　D. 不相关

13. 某公司有非管理人员 81 人，假设管理幅度为 9 人，则该公司的管理人员和管理层次分别为（　　）。
    A. 10 人 3 层　　　　　B. 9 人 2 层
    C. 10 人 2 层　　　　　D. 8 人 3 层

14. 某企业推行"扁平化改革"，减少中层管理者数量，将部分决策权下放至基层团队。这一举措属于（　　）。

— 1 —

A. 集权化　　　　　　　　　　　B. 分权化
C. 规范化　　　　　　　　　　　D. 程序化

15. 某连锁超市因区域经理直接管辖50家门店，导致服务质量下降。此时最应调整的是(　　)。
    A. 增加管理层级　　　　　　　B. 扩大管理幅度
    C. 加强集权控制　　　　　　　D. 减少门店数量

16. "组织文化通过共同价值观向个人渗透，生成自我调控机制"描述的功能是(　　)。
    A. 导向功能　　　　　　　　　B. 辐射功能
    C. 约束功能　　　　　　　　　D. 调适功能

17. 公司墙上贴有标语和布置，这属于组织文化的(　　)。
    A. 物质层　　　　　　　　　　B. 制度层
    C. 精神层　　　　　　　　　　D. 行为层

18. 某公司每年举办"创新文化节"，鼓励员工提出创意方案，并对优秀项目给予奖金和荣誉表彰。这属于组织文化的(　　)。
    A. 物质层　　　　　　　　　　B. 制度层
    C. 精神层　　　　　　　　　　D. 行为层

19. 某创业公司以"用户第一"为核心价值观，并以此指导所有产品设计。这属于组织文化的(　　)。
    A. 物质层　　　　　　　　　　B. 制度层
    C. 精神层　　　　　　　　　　D. 行为层

20. 某公司在并购另一家企业后，发现双方员工因价值观差异频繁发生冲突，导致业务整合停滞。这主要体现了组织文化的(　　)。
    A. 变革的障碍　　　　　　　　B. 并购的障碍
    C. 多样化的障碍　　　　　　　D. 人才流失风险

二、判断选择题(本大题共20小题，每小题1分，共20分。判断下列各小题正误，正确的请将答题卡上对应题目的答案代码"A"涂黑，错误的请将答题卡上对应题目的答案代码"B"涂黑。未涂、错涂或多涂均不得分。)

21. "组织结构"指的是组织内各合作方之间为了实现组织目标所构建出来的一种稳定关系。(　　)
    A. 正确　　　　　　　　　　　B. 错误

22. 组织设计的任务包括确定组织的职权关系和部门结构。(　　)
    A. 正确　　　　　　　　　　　B. 错误

23. 外部环境的变化不会影响组织设计。(　　)
    A. 正确　　　　　　　　　　　B. 错误

24. 组织设计的主要内容不涉及协调机制的设计。(　　)
    A. 正确　　　　　　　　　　　B. 错误

25. 环境的复杂性增加时，组织应减少职能部门以简化管理。(　　)
    A. 正确　　　　　　　　　　　B. 错误

26. 某公司规定"所有决策必须由总部审批"，这违反了权责对等原则。(　　)
    A. 正确　　　　　　　　　　　B. 错误

27. 目标一致原则要求各部门目标必须与组织整体目标完全一致。(　　)
    A. 正确　　　　　　　　　　　B. 错误

28. 有效管理幅度原则指出，管理者能有效监督的下属人数是有限的。(　　)
    A. 正确　　　　　　　　　　　B. 错误

29. 矩阵制组织结构的特点是单一命令系统。(　　)
    A. 正确　　　　　　　　　　　B. 错误

30. 矩阵制组织结构中，员工需同时向职能主管和项目经理汇报。(　　)
    A. 正确　　　　　　　　　　　B. 错误

31. 事业部制组织结构适用于产品单一的小型企业。(　　)
    A. 正确　　　　　　　　　　　B. 错误

32. 某初创企业采用直线制结构，但随着规模扩大出现决策迟缓问题，需调整为事业部制。(　　)
    A. 正确　　　　　　　　　　　B. 错误

33. 某电商企业在"双11"期间临时成立跨部门项目组，适合采用矩阵制结构。(　　)
    A. 正确　　　　　　　　　　　B. 错误

34. 某工厂流水线采用大批量生产技术，其组织结构应高度集权。(　　)
    A. 正确　　　　　　　　　　　B. 错误

35. 非正式组织的形成通常基于员工共同的兴趣或人际关系。(　　)
    A. 正确　　　　　　　　　　　B. 错误

36. 某公司因业务扩张将决策权下放至区域经理，体现了分权管理。(　　)
    A. 正确　　　　　　　　　　　B. 错误

37. 某公司为增强部门协作，要求所有员工必须使用统一的企业微信沟通，禁止私下建

— 2 —

群。这一做法可以有效消除非正式组织的负面影响。　　　　　　　　(　　)
   A. 正确　　　　　　　　　　　B. 错误

38. 某部门经理发现下属私下形成"技术互助小组"，主动提供资源支持并参与讨论。这一行为有利于促进正式组织与非正式组织的整合。　　　　　(　　)
   A. 正确　　　　　　　　　　　B. 错误

39. 某公司并购后，要求被并购方员工立即遵守总部的所有规章制度，并禁止使用原有工作流程。这一策略能高效实现文化整合。　　　　　　(　　)
   A. 正确　　　　　　　　　　　B. 错误

40. 某企业将"团结拼搏"作为核心价值观，并在办公室悬挂大量励志标语。管理层认为这已完整构建了组织文化的精神层。　　　　　　　　(　　)
   A. 正确　　　　　　　　　　　B. 错误

三、名词解释（本大题共 3 小题，每小题 4 分，共 12 分。）

41. 管理幅度

42. 矩阵制组织结构

43. 组织文化

四、简答题（本大题共 3 小题，每小题 8 分，共 24 分。）

44. 简述集权与分权的内涵。

45. 简述直线职能制组织结构的优缺点。

46. 如何管理非正式组织对正式组织的消极影响？

五、案例分析题(本大题共有两题,其中案例一为选择题,每小题2分,共10分;案例二为文字分析题,每小题7分,共14分。)

案例一 稳迈科技公司的组织结构调整

稳迈科技公司在业务扩展至智云计算和AI解决方案领域后,面临市场环境不确定性增加、技术复杂度提升等挑战,原直线职能制难以适应跨领域协作需求。出现沟通不畅、部门之间争权夺利的现象,面临各自为政风险。为应对多项目并行需求,开拓新的产品和服务,公司引入矩阵制结构,从各职能部门抽调人员组成项目组。初期项目进度加快,但出现多头指挥、权责不清问题,部分员工因同时承担部门任务和项目任务导致工作压力激增,跨部门沟通成本上升。

根据本案例材料回答下列问题:

47. 稳迈科技公司采用矩阵制结构的主要目的是( )。
 A. 降低管理成本 B. 简化决策流程
 C. 增强集权控制 D. 提高横向协作与创新

48. 稳迈科技公司面临"各自为政风险",这可能属于组织生命周期的( )。
 A. 生成阶段 B. 成熟阶段
 C. 衰退阶段 D. 成长阶段

49. 稳迈科技公司在矩阵制结构实施中出现"权责不清"问题,主要违背了组织设计的( )。
 A. 目标一致原则 B. 权责对等原则
 C. 柔性经济原则 D. 有效管理幅度原则

50. (多选)矩阵制结构在稳迈科技公司实施中可能带来的问题包括( )。
 A. 稳定性差 B. 多头指挥
 C. 专业化水平低 D. 机构重复设置

51. (多选)案例中影响稳迈科技公司组织设计的因素主要有( )。
 A. 环境 B. 战略
 C. 技术 D. 规模

案例二 晋商日升昌票号的管理智慧

日升昌票号是清代晋商创立的著名金融机构,初创时采用"总号—分号"两层管理结构,大掌柜(总经理)集权管理,分号掌柜(分支机构负责人)由总号选派并严格授权,形成"酌赢济虚,抽疲转快"的资金调度体系。随着业务扩张至全国30余处分号,出现了以下问题:一是分号间资金协调依赖总号指令,遇紧急汇兑需求时响应迟缓;二是部分分号掌柜因自主权不足,错失区域市场机会;三是管理链条延长后,总号对分号的风险管控难度增加,曾发生分号私设空票的舞弊事件。

根据本案例材料回答下列问题:

52. 结合组织设计中"集权与分权"理论,分析日升昌票号初期成功与后期问题的成因。

53. 若你是日升昌大掌柜,根据"有效管理幅度"原则,如何优化现有组织架构?

【管理学基础】第四章单元测试 A 卷

注意事项：

1. 本卷共 100 分，分为试卷和答题卡两部分，考生必须在答题卡上作答，作答在试卷上无效。

2. 作答前务必将自己的姓名和准考证号准确清晰地填写在试卷和答题卡的指定位置。

3. 考试结束时，须将试卷和答题卡一并交回。

一、单项选择题（本大题共 20 小题，每小题 1 分，共 20 分。在每小题列出的四个备选项中只有一个是符合题目要求的，请选出并将答题卡上对应的答案代码涂黑，错涂、多涂或未涂均不得分。）

1. 根据约翰·弗兰奇和伯特伦·瑞文的观点，"降职、解雇"属于（　　）。
   A. 法定权力　　　　　　　　　　B. 奖赏权力
   C. 强制权力　　　　　　　　　　D. 参照权力

2. 根据领导权力的来源，下列选项中属于职位权力的是（　　）。
   A. 法定性权力和感召性权力　　　B. 奖赏性权力和惩罚性权力
   C. 奖赏性权力和专长性权力　　　D. 感召性权力和专长性权力

3. 小张是一家制造厂电车间的电焊能手，经常主动分享自己的经验来帮助同事提高电焊工作质量，因此他很受同事喜爱和追随。小张对同事的影响力来源于（　　）。
   A. 奖赏权力　　　　　　　　　　B. 法定权力
   C. 专家权力　　　　　　　　　　D. 强制权力

4. 在紧急救援任务中，队长直接下达命令并要求队员严格执行。此时适用的领导风格是（　　）。
   A. 民主型　　　　　　　　　　　B. 放任型
   C. 独裁型　　　　　　　　　　　D. 参与型

5. 在管理方格图中，(9，1)型（任务型管理）领导行为表示领导者（　　）。
   A. 只重视任务效果不重视下属发展
   B. 只重视下属发展不重视任务效果
   C. 既重视任务效果又重视下属发展
   D. 既不重视任务效果又不重视下属发展

6. 根据费德勒权变理论，在环境比较好和环境比较差的情况下，比较有效的领导方式是（　　）。
   A. 两种情况下都是采用人际关系型的领导方式
   B. 两种情况下都是采用工作任务型的领导方式
   C. 前者采用人际关系型的领导方式，后者采用工作任务型的领导方式
   D. 前者采用工作任务型的领导方式，后者采用人际关系型的领导方式

7. 俄亥俄州立大学研究的领导行为维度是（　　）。
   A. 独裁与民主　　　　　　　　　B. 主动与被动
   C. 任务导向与员工导向　　　　　D. 定规维度与关怀维度

8. 在情境领导模型中，对能力不足但意愿强的下属应采用（　　）。
   A. 告知型　　　　　　　　　　　B. 推销型
   C. 参与型　　　　　　　　　　　D. 授权型

9. 对友谊、爱情、归属及接纳的需要属于（　　）。
   A. 安全的需要　　　　　　　　　B. 社交的需要
   C. 尊重的需要　　　　　　　　　D. 自我实现的需要

10. 根据双因素理论，下列属于激励因素的是（　　）。
    A. 公司政策　　　　　　　　　　B. 工作本身
    C. 工资水平　　　　　　　　　　D. 人际关系

11. 根据双因素理论，下列属于保健因素的是（　　）。
    A. 工作中的挑战性任务　　　　　B. 优秀员工的荣誉证书
    C. 完善的员工健康保险　　　　　D. 公司定期组织的团建活动

12. 上个月李杰的销售业绩占公司总业绩的四分之一，但奖金与同事相同，他感到努力未获认可，考虑换工作。以下能较为恰当地解释这种现象的理论是（　　）。
    A. 期望理论　　　　　　　　　　B. 公平理论
    C. 权变理论　　　　　　　　　　D. 强化理论

13. 在期望理论公式 $M = V \times E$ 中，E 表示（　　）。
    A. 变量　　　　　　　　　　　　B. 效价
    C. 激励力　　　　　　　　　　　D. 期望值

14. 辅导员王老师规定凡是在教学楼吸烟被发现的学生要连续一周打扫教室卫生。这项规定一发布，学生在教学楼吸烟的现象基本消除，这种强化方式是（　　）。
    A. 惩罚　　　　　　　　　　　　B. 负强化

— 1 —

C. 正强化　　　　　　　　　　D. 自然消退

15. 亚当斯的公平理论属于( )。
   A. 领导情境论　　　　　　　B. 领导行为论
   C. 行为基础理论　　　　　　D. 过程激励理论

16. 赫茨伯格认为保健因素不包括( )。
   A. 晋升　　　　　　　　　　B. 监督
   C. 地位　　　　　　　　　　D. 工作环境

17. 体态语言属于( )。
   A. 言语沟通　　　　　　　　B. 非言语沟通
   C. 正式沟通　　　　　　　　D. 非正式沟通

18. 信息过载属于( )。
   A. 人际障碍　　　　　　　　B. 组织障碍
   C. 技术障碍　　　　　　　　D. 文化障碍

19. 克服沟通障碍的方法不包括( )。
   A. 简化语言　　　　　　　　B. 情绪控制
   C. 单向沟通　　　　　　　　D. 积极倾听

20. "员工为取悦上级报喜不报忧"属于( )。
   A. 信息过载　　　　　　　　B. 文化障碍
   C. 信息过滤　　　　　　　　D. 选择性知觉

二、判断选择题(本大题共20小题，每小题1分，共20分。判断下列各小题正误，正确的请将答题卡上对应题目的答案代码"A"涂黑，错误的请将答题卡上对应题目的答案代码"B"涂黑。未涂、错涂或多涂均不得分。)

21. 领导的本质是一种影响力，即管理者通过其影响力来影响追随者的行为以有效达到组织目标。　　　　　　　　　　　　　　　　　　　　　　　　　　　　( )
   A. 正确　　　　　　　　　　B. 错误

22. 在领导权力中，法定权力、奖赏权力、强制权力均属于职位权力。　　　( )
   A. 正确　　　　　　　　　　B. 错误

23. 民主型领导方式在任何情境下都比独裁型更有效。　　　　　　　　　( )
   A. 正确　　　　　　　　　　B. 错误

24. 领导行为的有效性仅由领导者的个人能力决定。　　　　　　　　　　( )
   A. 正确　　　　　　　　　　B. 错误

25. 权变领导理论研究把领导者个人特质、下属员工行为及领导环境相互联系起来，从而创造了一套比较完善的领导理论体系。　　　　　　　　　　　　　　　　( )
   A. 正确　　　　　　　　　　B. 错误

26. 在情境领导模型中，下属成熟度仅指工作能力。　　　　　　　　　　( )
   A. 正确　　　　　　　　　　B. 错误

27. 在管理方格理论中，(5,5)型属于团队型管理。　　　　　　　　　　( )
   A. 正确　　　　　　　　　　B. 错误

28. 放任型领导风格适合成熟度高、能力强的团队。　　　　　　　　　　( )
   A. 正确　　　　　　　　　　B. 错误

29. 马斯洛需要层次论中的高层次需要是从外部使人得到满足，而低层次需要主要是从内部使人得到满足。　　　　　　　　　　　　　　　　　　　　　　　　( )
   A. 正确　　　　　　　　　　B. 错误

30. 保健因素只能消除不满，不能带来满意。　　　　　　　　　　　　　( )
   A. 正确　　　　　　　　　　B. 错误

31. 在双因素理论中，工资水平、人际关系均属于激励因素。　　　　　　( )
   A. 正确　　　　　　　　　　B. 错误

32. 正强化通过给予奖励来增加行为频率。　　　　　　　　　　　　　　( )
   A. 正确　　　　　　　　　　B. 错误

33. 公平理论中所描述的个人对"公平"与"不公平"的感觉是一种主观的判断。( )
   A. 正确　　　　　　　　　　B. 错误

34. 期望理论认为，激励力=效价+期望值。　　　　　　　　　　　　　　( )
   A. 正确　　　　　　　　　　B. 错误

35. 负强化等同于惩罚。　　　　　　　　　　　　　　　　　　　　　　( )
   A. 正确　　　　　　　　　　B. 错误

36. 正强化只能用物质奖励实现。　　　　　　　　　　　　　　　　　　( )
   A. 正确　　　　　　　　　　B. 错误

37. 沟通是一个信息传递与理解的过程。　　　　　　　　　　　　　　　( )
   A. 正确　　　　　　　　　　B. 错误

38. 沟通中的"噪声"仅存在于信息传递过程中。　　　　　　　　　　　　( )
   A. 正确　　　　　　　　　　B. 错误

39. 沟通的过程包括编码、传递、解码、反馈。　　　　　　　　　　　　( )

A. 正确　　　　　　　　　　　　　B. 错误

40. 信息过载属于组织障碍，与个人能力无关。（　　）

A. 正确　　　　　　　　　　　　　B. 错误

三、名词解释(本大题共3小题，每小题4分，共12分。)

41. 参照权力

42. 正强化

43. 言语沟通

四、简答题(本大题共3小题，每小题8分，共24分。)

44. 简述领导权力的五种来源。

45. 简述俄亥俄州立大学领导行为理论的两个维度。

46. 简述影响有效沟通的因素。

五、案例分析题(本大题共有两题，其中案例一为单选题，每小题2分，共10分；案例二为文字分析题，52、53每小题4分，第54小题6分，共14分。)

案例一　新承公司的领导风格变革

新承公司是一家中小型科技企业，新任总经理郭枫上任后着手改革领导方式。研发部经理王强是技术骨干出身，习惯以"技术权威"自居，对下属工作细节严格把控，常直接指出错误并要求立即整改，下属虽认可其专业能力，但普遍感到压力较大。市场部经理张丽则注重团队氛围，每周组织头脑风暴会鼓励员工参与决策，对表现优秀者给予公开表扬和额外培训机会，团队士气高涨，但近期业绩出现波动。人力资源部调研发现，研发部员工认为"王经理的指导很专业但缺乏人情味"，市场部员工则反映"自由讨论效率低，目标不够明确"。郭枫意识到需调整领导策略，计划根据不同部门的人员特点调整策略，采用差异化管理。

根据本案例材料回答下列问题：

47. 王强在管理时主要行使的领导权力是( )。
   A. 法定权力 B. 专家权力
   C. 参照权力 D. 强制权力

48. 张丽的领导风格更接近( )。
   A. 独裁型 B. 民主型
   C. 放任型 D. 任务型

49. 根据管理方格理论，王强的领导方式属于( )。
   A. (9，1)任务型 B. (9，9)团队型
   C. (5，5)中间型 D. (1，9)乡村俱乐部型

50. 研发部员工的不满反映了领导行为中缺失( )。
   A. 定规维度 B. 关怀维度
   C. 生产中心 D. 工作中心

51. 郭枫的差异化管理思路体现了领导三要素中的( )。
   A. 权力结构 B. 领导者特质
   C. 情境适应性 D. 被领导者需求

案例二　胡庆余堂的百年管理启示

清末著名药商胡雪岩创办的胡庆余堂，以"戒欺"为经营理念，其员工管理中蕴含丰富的激励智慧。初建时，胡雪岩采用传统的固定薪资制，但发现老药工积极性不足，新学徒常因琐事抱怨。经观察，他发现：老药工认为"干多干少一个样"，对薪资水平和库房陈旧环境不满；新学徒则渴望学习核心配药技术，但师傅不愿传授，认为"教会徒弟，饿死师傅"。

为改善局面，胡雪岩推行两项改革：一是设立"功劳股"，将利润按比例分给资深药工，允许参与配方改良决策；二是建立"师徒帮带制"，规定师傅带出新徒并通过考核后，可获"带教津贴"，学徒满师后根据配药准确率提升职级和薪资。改革后，老药工主动优化炮制流程，新学徒积极性显著提高，假药事件减少90%，胡庆余堂成为江南药局典范。

根据本案例材料回答下列问题：

52. 改革前，胡庆余堂存在"老药工隐瞒核心技术，新学徒抱怨学习难"的现象。这反映了哪种沟通障碍？

53. 胡庆余堂设立"功劳股"制度，将利润按比例分给资深药工并允许参与配方改良决策。这一做法主要体现了哪种理论的核心观点？

54. 结合案例中的"师徒帮带制"，师傅带出新徒并通过考核后，可获"带教津贴"，说明期望理论的核心公式及应用逻辑。

【管理学基础】第四章单元测试 B 卷

注意事项：

1. 本卷共 100 分，分为试卷和答题卡两部分，考生必须在答题卡上作答，作答在试卷上无效。
2. 作答前务必将自己的姓名和准考证号准确清晰地填写在试卷和答题卡的指定位置。
3. 考试结束时，须将试卷和答题卡一并交回。

一、单项选择题（本大题共 20 小题，每小题 1 分，共 20 分。在每小题列出的四个备选项中只有一个是符合题目要求的，请选出并将答题卡上对应的答案代码涂黑，错涂、多涂或未涂均不得分。）

1. 来源于职位的领导权力不包括( )。
   A. 奖赏性权力　　　　　　　B. 惩罚性权力
   C. 专家性权力　　　　　　　D. 法定性权力

2. 退休后的周成斌抱怨人走茶凉，这反映出他过去曾经拥有的职权是一种( )。
   A. 感召性权力　　　　　　　B. 专家性权力
   C. 惩罚性权力　　　　　　　D. 法定性权力

3. 小张是技术能手，常分享经验帮助同事，其影响力源于( )。
   A. 感召性权力　　　　　　　B. 奖赏性权力
   C. 专家性权力　　　　　　　D. 法定性权力

4. 在一家初创科技公司中，团队需要快速迭代产品并鼓励成员提出创新想法。此时最可能适用的领导风格是( )。
   A. 民主型　　　　　　　　　B. 放任型
   C. 独裁型　　　　　　　　　D. 参与型

5. 某部门主管将注意力几乎都放在了对任务的完成上，而对下属的心理因素、士气和发展很少关心。根据管理方格理论，该主管的领导作风属于( )。
   A. 贫乏型　　　　　　　　　B. 任务型
   C. 中庸型　　　　　　　　　D. 战斗集体型

6. 在费德勒权变理论中，环境差时有效的领导方式是( )。
   A. 民主型　　　　　　　　　B. 放任型
   C. 工作任务型　　　　　　　D. 人际关系型

7. 美国俄亥俄州立大学的研究认为更能使下属达到高绩效和高满意度的领导类型是( )。
   A. 高关怀-高定规　　　　　　B. 高关怀-低定规
   C. 低关怀-高定规　　　　　　D. 低关怀-低定规

8. 费德勒权变理论认为，任何领导方式均有可能有效，关键是要适应( )。
   A. 下属特点　　　　　　　　B. 环境情境
   C. 任务性质　　　　　　　　D. 领导者的特点

9. 下列对于马斯洛的需要层次论理解中不正确的是( )。
   A. 高层次需要出现后低层次需要仍然存在
   B. 低级需要主要是从内部因素使人得到满足
   C. 已经得到满足的非优势需要不再起激励作用
   D. 可以针对人在某个阶段的主导需求进行激励

10. 在双因素理论中，工资属于( )。
    A. 保健因素　　　　　　　　B. 激励因素
    C. 安全因素　　　　　　　　D. 成就因素

11. 员工因"五险一金"齐全而安心工作，这满足了( )。
    A. 生理需要　　　　　　　　B. 安全需要
    C. 社交需要　　　　　　　　D. 尊重需要

12. 被称为激励因素的是( )。
    A. 与个人利益相关的因素　　B. 与工作内容相关的因素
    C. 与工作环境或条件相关的因素　D. 本组织的政策和管理、监督系统

13. 根据公平理论，当员工感到"$\frac{自己的报酬}{投入} < \frac{他人的报酬}{投入}$"时，可能采取的行为是( )。
    A. 增加投入　　　　　　　　B. 主动减少报酬
    C. 更换比较对象　　　　　　D. 忽视不公平感

14. 取消休假以减少迟到，属于( )。
    A. 惩罚　　　　　　　　　　B. 负强化
    C. 正强化　　　　　　　　　D. 自然消退

15. 员工将自己本月奖金与上月对比，属于( )。
    A. 横向比较　　　　　　　　B. 纵向比较
    C. 自我比较　　　　　　　　D. 制度比较

16. 下列属于双因素理论中激励因素的是( )。
    A. 舒适的办公环境　　　　　B. 定期的团队聚餐

C. 完善的考勤制度　　　　　　　　D. 参与核心项目的机会

17. 持久、有形、可以核实这些特点属于( )。
   A. 书面沟通　　　　　　　　　　B. 口头沟通
   C. 非语言沟通　　　　　　　　　D. 电子媒介沟通

18. 影响有效沟通的障碍不包括( )。
   A. 职位障碍　　　　　　　　　　B. 人际障碍
   C. 组织障碍　　　　　　　　　　D. 文化障碍

19. 会议中领导通过点头鼓励发言者，这属于( )。
   A. 口头沟通　　　　　　　　　　B. 书面沟通
   C. 正式沟通　　　　　　　　　　D. 非言语沟通

20. 跨文化团队因沟通风格差异导致误解，这种障碍属于( )。
   A. 人际障碍　　　　　　　　　　B. 组织障碍
   C. 文化障碍　　　　　　　　　　D. 信息过载

二、判断选择题(本大题共20小题，每小题1分，共20分。判断下列各小题正误，正确的请将答题卡上对应题目的答案代码"A"涂黑，错误的请将答题卡上对应题目的答案代码"B"涂黑。未涂、错涂或多涂均不得分。)

21. 领导者的法定权力来源于职位而非个人能力。　　　　　　　　　　( )
   A. 正确　　　　　　　　　　　　B. 错误

22. 法定权力、参照权力均属于职位权力。　　　　　　　　　　　　　( )
   A. 正确　　　　　　　　　　　　B. 错误

23. 专家权力的大小取决于领导者的职位高低。　　　　　　　　　　　( )
   A. 正确　　　　　　　　　　　　B. 错误

24. 被领导者的接受程度不影响领导权威的确立。　　　　　　　　　　( )
   A. 正确　　　　　　　　　　　　B. 错误

25. 根据费德勒权变理论，任务取向型领导在中等有利情境下最有效。　( )
   A. 正确　　　　　　　　　　　　B. 错误

26. 独裁型领导认为权力来源于职位，主张以命令方式推动工作。　　　( )
   A. 正确　　　　　　　　　　　　B. 错误

27. 俄亥俄州立大学将领导行为分为"关心生产"和"关心人"两个维度。( )
   A. 正确　　　　　　　　　　　　B. 错误

28. 在费德勒权变理论中，"任务结构"是指领导者与下属的关系紧密程度。( )
   A. 正确　　　　　　　　　　　　B. 错误

29. 马斯洛认为，高层次需要出现后，低层次需要不再影响行为。　　　( )
   A. 正确　　　　　　　　　　　　B. 错误

30. 在双因素理论中，激励因素的缺失会导致员工强烈不满。　　　　　( )
   A. 正确　　　　　　　　　　　　B. 错误

31. 保健因素的满足能显著提升员工的工作积极性。　　　　　　　　　( )
   A. 正确　　　　　　　　　　　　B. 错误

32. 公平理论认为，员工的公平感仅来自自己与他人的报酬对比。　　　( )
   A. 正确　　　　　　　　　　　　B. 错误

33. 纵向比较是指员工将自己的报酬与他人比较。　　　　　　　　　　( )
   A. 正确　　　　　　　　　　　　B. 错误

34. 管理者承诺"完成项目可参与晋升评选"，这体现了期望理论中的效价。( )
   A. 正确　　　　　　　　　　　　B. 错误

35. 公司取消迟到者的全勤奖属于惩罚。　　　　　　　　　　　　　　( )
   A. 正确　　　　　　　　　　　　B. 错误

36. 连续强化比间断强化更能维持长期行为。　　　　　　　　　　　　( )
   A. 正确　　　　　　　　　　　　B. 错误

37. 层级越多，信息传递中过滤和失真的可能性越大。　　　　　　　　( )
   A. 正确　　　　　　　　　　　　B. 错误

38. 在文化障碍中，"权力距离差异"会导致西方员工倾向于直接沟通，而东方员工更注重委婉表达。( )
   A. 正确　　　　　　　　　　　　B. 错误

39. 发送者编码时的语言风格差异属于非言语沟通障碍。　　　　　　　( )
   A. 正确　　　　　　　　　　　　B. 错误

40. 在面对面交流中，非言语沟通传递的信息量低于言语沟通。　　　　( )
   A. 正确　　　　　　　　　　　　B. 错误

三、名词解释(本大题共3小题，每小题4分，共12分。)

41. 职位权力

42. 保健因素

43. 信息过滤

四、简答题(本大题共 3 小题,每小题 8 分,共 24 分。)

44. 如何根据下属成熟度选择领导风格?

45. 如何运用需要层次理论设计员工激励措施?请举例说明。

46. 简述公平理论对管理实践的启示。

五、案例分析题(本大题共有两题,其中案例一为选择题,47~49 每小题 2 分,50~51 每小题 3 分,共 12 分;案例二为文字分析题,每小题 6 分,共 12 分。)

案例一 销售部的困局

某公司销售部近期频繁出现沟通问题。老员工小李虽连续 3 个月业绩排名第一,但与普通员工的季度奖金却相同,因此质疑主管分配不公,引发了资源分配的争议。主管张经理在会议中常打断下属发言,导致团队成员逐渐沉默,会议效率低下,形成了会议沟通的僵局。华东与华南团队因地域文化差异,对"紧急任务"的理解不一致,多次延误项目交付,暴露出跨文化协作的障碍。此外,主管仅通过邮件单向布置任务,员工对复杂要求理解模糊,执行偏差率高达 40%,凸显出单向指令模式导致的执行困境。

根据本案例材料回答下列问题:

47. 小李的不满,体现过程激励理论的( )。
 A. 期望理论　　　　　　　　B. 公平理论
 C. 双因素理论　　　　　　　D. 成就需要理论

48. 华东与华南团队对"紧急任务"的理解不一致,影响有效沟通的是( )。
 A. 人际障碍　　　　　　　　B. 组织障碍
 C. 文化障碍　　　　　　　　D. 结构障碍

49. 从领导行为理论看,张经理的会议沟通方式更接近( )。
 A. 民主型　　　　　　　　　B. 独裁型
 C. 放任型　　　　　　　　　D. 团队型

50. (多选)案例中存在的沟通障碍类型包括( )。
 A. 人际障碍　　　　　　　　B. 文化障碍

C. 组织障碍　　　　　　　　D. 技术障碍

51. (多选)主管通过邮件单向布置任务,属于(　　)。

A. 言语沟通　　　　　　　　B. 非言语沟通

C. 单向沟通　　　　　　　　D. 双向沟通

案例二　新任部门经理的领导困境

某科技公司研发部新任经理张明发现团队效率低下,部分资深员工工作能力强,但是工作意愿不高,对任务分配不满;新员工对公司归属感不够且工作能力也不高,因缺乏指导频繁出错。张明尝试通过强制命令要求员工加班完成任务,但引发抵触情绪。

同时,他发现团队中个别技术骨干专业能力突出且积极主动承担工作任务,但在项目中自发成为实际决策者的过程中,又往往导致团队协作混乱。张明认为需调整领导方式,但不确定如何平衡权威与员工自主性。

根据本案例材料回答下列问题:

52. 分析张明目前主要依赖的领导权力来源,并指出存在的问题。

53. 运用情境领导模型,提出张明应如何针对新员工、资深员工、技术骨干调整领导行为。

【管理学基础】第五章单元测试 A 卷

注意事项：

1. 本卷共 100 分，分为试卷和答题卡两部分，考生必须在答题卡上作答，作答在试卷上无效。

2. 作答前务必将自己的姓名和准考证号准确清晰地填写在试卷和答题卡的指定位置。

3. 考试结束时，须将试卷和答题卡一并交回。

一、**单项选择题**（本大题共 20 小题，每小题 1 分，共 20 分。在每小题列出的四个备选项中只有一个是符合题目要求的，请选出并将答题卡上对应的答案代码涂黑，错涂、多涂或未涂均不得分。）

1. 为了保证计划与实际作业动态相适应，组织需要的职能是(　　)。
   A. 计划职能　　　　　　　　B. 控制职能
   C. 领导职能　　　　　　　　D. 组织职能

2. 管理者在进行控制时，首先要建立标准。关于建立标准，下列说法中不正确的是(　　)。
   A. 标准应越高越好　　　　　B. 标准应考虑顾客需求
   C. 标准应考虑实际可能　　　D. 标准应考虑实施成本

3. 为了防止问题的发生而在企业生产经营活动开始之前进行的控制是(　　)。
   A. 前馈控制　　　　　　　　B. 现场控制
   C. 事后控制　　　　　　　　D. 反馈控制

4. 过程控制又称为(　　)。
   A. 前馈控制　　　　　　　　B. 成果控制
   C. 现场控制　　　　　　　　D. 事后控制

5. 以下管理活动中属于前馈控制的是(　　)。
   A. 对各岗位人员进行奖励或惩罚
   B. 对各岗位人员的工作进行现场指导
   C. 对各岗位的工作人员业绩进行检查评定
   D. 根据岗位工作发展的需要对人员进行培训

6. 管理控制工作的一般程序是(　　)。
   A. 建立控制标准、采取矫正措施、分析差异产生的原因
   B. 采取矫正措施、分析差异产生的原因、建立控制标准
   C. 建立控制标准、分析差异产生的原因、采取矫正措施
   D. 分析差异产生的原因、采取矫正措施、建立控制标准

7. 控制就是监视各项活动，并纠正各项偏差的过程，以保证其按(　　)进行。
   A. 决策　　　　　　　　　　B. 计划
   C. 组织　　　　　　　　　　D. 领导

8. 强调预防作用的控制方法是(　　)。
   A. 现场控制　　　　　　　　B. 反馈控制
   C. 前馈控制　　　　　　　　D. 间接控制

9. "亡羊补牢，犹未为晚"，可以理解成一种(　　)。
   A. 前馈控制　　　　　　　　B. 反馈控制
   C. 过程控制　　　　　　　　D. 现场控制

10. 确定控制标准，首先应该明确组织中哪些事或物需要加以控制，即确定(　　)。
    A. 控制对象　　　　　　　　B. 控制人员
    C. 控制方法　　　　　　　　D. 控制水平

11. 确定控制对象和选择控制重点的工作属于控制过程中的(　　)。
    A. 衡量成效　　　　　　　　B. 纠正偏差
    C. 确立标准　　　　　　　　D. 找出偏差

12. 一个餐馆要求，在客人进店之后，服务员在 3 分钟内接待，在 15 分钟内把菜品上齐。这体现的控制标准属于(　　)。
    A. 时间标准　　　　　　　　B. 价值标准
    C. 质量标准　　　　　　　　D. 实物标准

13. 控制工作的第一个步骤是(　　)。
    A. 分析问题　　　　　　　　B. 纠正偏差
    C. 确定标准　　　　　　　　D. 总结经验

14. 能够立即将出现问题的工作矫正到正确轨道上的是(　　)。
    A. 应急纠偏措施　　　　　　B. 彻底纠偏措施
    C. 永久纠偏措施　　　　　　D. 渐进纠偏措施

15. 根据企业的历史资料或者对比同类企业的水平，运用统计学方法来确定企业经营各方面工作的标准是(　　)。
    A. 实际标准　　　　　　　　B. 经验标准
    C. 工程标准　　　　　　　　D. 统计标准

16. 下列不属于控制标准基本要求的是(　　)。

A. 简明性　　　　　　　　　　B. 可行性
C. 随意性　　　　　　　　　　D. 前瞻性

17. "对员工行为准则的要求"属于控制标准中的(　　)。
   A. 质量标准　　　　　　　　B. 品质标准
   C. 时间标准　　　　　　　　D. 生产率标准

18. 下列适合采用应急纠偏措施的情景是(　　)。
   A. 季节性销售波动　　　　　B. 设备老化导致长期低效
   C. 新员工操作失误频发　　　D. 核心供应商突然断供

19. 下列不属于控制过程基本步骤的是(　　)。
   A. 修订战略规划　　　　　　B. 衡量实际绩效
   C. 确定控制标准　　　　　　D. 分析偏差原因

20. 某项目团队在项目执行过程中，发现进度落后于计划。团队领导决定增加资源投入，并调整了部分任务的工作顺序。这一决策过程体现了控制过程的(　　)。
   A. 确定标准　　　　　　　　B. 衡量绩效
   C. 分析与纠偏　　　　　　　D. 制订新计划

二、判断选择题(本大题共20小题，每小题1分，共20分。判断下列各小题正误，正确的请将答题卡上对应题目的答案代码"A"涂黑，错误的请将答题卡上对应题目的答案代码"B"涂黑。未涂、错涂或多涂均不得分。)

21. 控制系统越是完善，组织目标就越易实现。　　　　　　　　　　(　　)
   A. 正确　　　　　　　　　　B. 错误

22. 控制过程是一个循环往复的过程，需要不断进行调整和优化。(　　)
   A. 正确　　　　　　　　　　B. 错误

23. 控制工作仅需管理人员参与。　　　　　　　　　　　　　　　(　　)
   A. 正确　　　　　　　　　　B. 错误

24. 例外原则要求管理者仅关注例外情况，无须考虑关键点。　　(　　)
   A. 正确　　　　　　　　　　B. 错误

25. 控制趋势原则要求管理者更关注现状而非趋势。　　　　　　(　　)
   A. 正确　　　　　　　　　　B. 错误

26. 反馈控制是在活动完成之后，通过对已发生的工作结果的测定来发现偏差和纠正偏差。(　　)
   A. 正确　　　　　　　　　　B. 错误

27. 某超市在收银环节安装监控摄像头实时监督员工操作，属于前馈控制。(　　)
   A. 正确　　　　　　　　　　B. 错误

28. 现场控制只能在现场进行，无法远程实施。　　　　　　　　(　　)
   A. 正确　　　　　　　　　　B. 错误

29. 反馈控制的作用是惩罚责任人。　　　　　　　　　　　　　(　　)
   A. 正确　　　　　　　　　　B. 错误

30. 现场控制的指导职能有助于提高员工自我控制能力。　　　(　　)
   A. 正确　　　　　　　　　　B. 错误

31. 前馈控制可以完全避免偏差的产生。　　　　　　　　　　　(　　)
   A. 正确　　　　　　　　　　B. 错误

32. 反馈控制虽然存在时间滞后，但在实际工作中仍然非常重要。(　　)
   A. 正确　　　　　　　　　　B. 错误

33. 控制标准一旦制定，就不应再更改。　　　　　　　　　　　(　　)
   A. 正确　　　　　　　　　　B. 错误

34. 在控制过程中，分析偏差后必须立即修订标准。　　　　　(　　)
   A. 正确　　　　　　　　　　B. 错误

35. 质量标准属于定量标准。　　　　　　　　　　　　　　　　(　　)
   A. 正确　　　　　　　　　　B. 错误

36. 若偏差在允许范围内，则无须分析原因。　　　　　　　　(　　)
   A. 正确　　　　　　　　　　B. 错误

37. 应急纠偏措施能从根本上解决问题。　　　　　　　　　　(　　)
   A. 正确　　　　　　　　　　B. 错误

38. 控制过程结束于采取纠偏措施。　　　　　　　　　　　　(　　)
   A. 正确　　　　　　　　　　B. 错误

39. 发现员工频繁迟到后，立即出台罚款制度属于彻底纠偏措施。(　　)
   A. 正确　　　　　　　　　　B. 错误

40. 只要实际绩效与标准存在偏差，就说明控制失效。　　　(　　)
   A. 正确　　　　　　　　　　B. 错误

三、名词解释(本大题共3小题，每小题4分，共12分。)

41. 控制

42. 前馈控制

43. 应急纠偏措施

四、简答题(本大题共3小题,每小题8分,共24分。)

44. 简述实施有效控制的基本原则。

45. 简述现场控制的优缺点。

46. 简述控制的过程。

五、案例分析题(本大题共有两题,其中案例一为单选题,每小题2分,共10分;案例二为文字分析题,每小题7分,共14分。)

案例一 电商企业的库存管理困境

某跨境电商企业在快速扩张后,面临库存积压与缺货并存的难题:畅销品常因补货不及时而断货,而滞销品却大量占用仓储资源。为解决这一问题,管理层决定引入控制系统以优化库存管理。

首先,企业制定了明确的库存标准:设定安全库存量(例如,畅销品不低于30日销量),并建立SKU分类管理体系(A类畅销品重点监控,C类滞销品限制采购)。每周通过ERP系统分析库存周转率,将实际库存与标准进行对比,识别出周转率低于行业均值的20种滞销品。

针对滞销品,企业启动了"清仓促销+供应商退换"方案;而对于畅销品,则与供应商协商缩短交货周期,并增设实时销量预警机制,以确保及时补货。

根据本案例材料回答下列问题:

47. 设定安全库存量和SKU分类属于控制过程的(　　)。
    A. 衡量绩效　　　　　　　　B. 确定标准
    C. 分析偏差　　　　　　　　D. 纠正偏差

48. 通过ERP系统分析库存周转率的行为属于(　　)。
    A. 确定标准　　　　　　　　B. 衡量绩效
    C. 直接控制　　　　　　　　D. 反馈控制

49. 识别滞销品并启动清仓方案,体现的控制原则是(　　)。
    A. 例外原则　　　　　　　　B. 控制趋势原则

C. 有效标准原则　　　　　　　　D. 直接控制原则

50. 企业增设实时销量预警机制，属于(　　)。
   A. 前馈控制　　　　　　　　B. 现场控制
   C. 反馈控制　　　　　　　　D. 预算控制

51. 企业设定的安全库存量(如畅销品不低于30日销量)属于控制标准中的(　　)。
   A. 定量标准　　　　　　　　B. 定性标准
   C. 时间标准　　　　　　　　D. 质量标准

案例二　百年老字号"福满楼"

百年老字号"福满楼"近期陷入经营困境。尽管菜品口碑尚可，但顾客投诉率激增，主要集中于上菜速度慢、餐品温度不足等问题。店长王明通过调研发现：后厨备料流程混乱，部分厨师未按标准配比投料；午市高峰期服务员响应不及时，导致翻台率下降；管理层仅凭经验调整菜单，未参考销售数据。

为扭转局面，王明决定引入标准化管理体系：①要求厨师按统一配方预制半成品，设立原料称重检查点；②推行手持终端设备实时记录点餐时间，超时自动提醒后厨；③每月分析顾客点评数据，动态调整热销菜品供应量。

根据本案例材料回答下列问题：

52. 在"福满楼"的标准化管理改革中，店长王明采取的三项措施分别属于控制过程中的哪种类型？

53. 在"福满楼"引入标准化管理体系的过程中，店长王明采取了多项措施来改善经营困境。请结合控制过程中的"确定标准"和"衡量绩效"两个步骤，分析王明所采取的措施及其意义。

【管理学基础】第五章单元测试 B 卷

注意事项：

1. 本卷共 100 分，分为试卷和答题卡两部分，考生必须在答题卡上作答，作答在试卷上无效。

2. 作答前务必将自己的姓名和准考证号准确清晰地填写在试卷和答题卡的指定位置。

3. 考试结束时，须将试卷和答题卡一并交回。

一、单项选择题（本大题共 20 小题，每小题 1 分，共 20 分。在每小题列出的四个备选项中只有一个是符合题目要求的，请选出并将答题卡上对应的答案代码涂黑，错涂、多涂或未涂均不得分。）

1. 保证组织系统按预定要求运作而进行一系列工作，与计划职能联系最紧密的管理职能是（　　）。
   A. 组织　　　　　　　　　　B. 控制
   C. 领导　　　　　　　　　　D. 创新

2. 控制关键点原则强调的是（　　）。
   A. 强调事后控制的重要性　　B. 对所有活动进行全面控制
   C. 依赖高级管理人员的决策　D. 集中精力控制主要影响因素

3. 控制原则中的"控制关键点"原则的典型体现是（　　）。
   A. 亡羊补牢　　　　　　　　B. 一视同仁
   C. 因地制宜　　　　　　　　D. 牵牛要牵牛鼻子

4. 控制趋势原则的关键在于（　　）。
   A. 分析现状　　　　　　　　B. 预测未来趋势
   C. 纠正现有偏差　　　　　　D. 调整组织结构

5. "控制关键点原则"与"例外原则"的共同点是（　　）。
   A. 关注过去数据　　　　　　B. 强调即时反应
   C. 聚焦关键问题　　　　　　D. 依赖历史经验

6. 为确保项目按期交付，项目经理将资源优先分配给项目组，并每日跟踪进度。这体现的控制原则是（　　）。
   A. 例外原则　　　　　　　　B. 有效标准原则
   C. 直接控制原则　　　　　　D. 控制关键点原则

7. 一家电商公司在"双 11"大促前，通过数据分析预测了可能的订单量，并提前增加了服务器容量和客服人员。这一行为符合（　　）。
   A. 有效标准原则　　　　　　B. 直接控制原则
   C. 控制趋势原则　　　　　　D. 控制关键点原则

8. 发现产品销路不畅而相应作出减产、转产或加强促销的决定，这属于（　　）。
   A. 前馈控制　　　　　　　　B. 现场控制
   C. 反馈控制　　　　　　　　D. 跟踪控制

9. 为了生产出高质量的产品而对原材料进行入库检查，这种控制属于（　　）。
   A. 前馈控制　　　　　　　　B. 现场控制
   C. 反馈控制　　　　　　　　D. 直接控制

10. "治病不如防病，防病不如讲卫生。"这一说法体现的控制类型是（　　）。
    A. 前馈控制　　　　　　　　B. 现场控制
    C. 反馈控制　　　　　　　　D. 随时控制

11. 反馈控制的主要弊端是（　　）。
    A. 成本高　　　　　　　　　B. 不易实施
    C. 员工抵触情绪大　　　　　D. 偏差已产生，损失已造成

12. 强调在工作过程中进行实时调整的是（　　）。
    A. 前馈控制　　　　　　　　B. 现场控制
    C. 反馈控制　　　　　　　　D. 战略控制

13. "公司全员参与质量管理体系"体现了控制内涵的（　　）。
    A. 目的性　　　　　　　　　B. 整体性
    C. 过程性　　　　　　　　　D. 预警性

14. 蓝总经理到车间巡视工人生产情况，并及时纠正错误的控制行为属于（　　）。
    A. 前馈控制　　　　　　　　B. 反馈控制
    C. 现场控制　　　　　　　　D. 直接控制

15. "建立的标准既要符合现时的需要，又要与未来的发展相结合。"这句话体现了控制标准的（　　）。
    A. 前瞻性　　　　　　　　　B. 简明性
    C. 稳定性　　　　　　　　　D. 一致性

16. 某餐厅实施"微笑服务"考核，经理随机抽查顾客满意度，这属于（　　）。
    A. 前馈控制　　　　　　　　B. 现场控制
    C. 反馈控制　　　　　　　　D. 自我控制

17. 某物流公司要求快递员每日配送量不低于 80 单，这属于控制标准中的（　　）。

— 1 —

A. 定性标准　　　　　　　　　　B. 时间标准
C. 消耗标准　　　　　　　　　　D. 生产率标准

18. 某连锁酒店通过顾客入住后的在线评价实时调整客房清洁流程，这种控制方式的特点是(　　)。
   A. 依赖历史数据　　　　　　　　B. 针对已完成服务
   C. 即时反馈与调整　　　　　　　D. 侧重结果考核

19. 某新开奶茶店首次制定原料损耗标准时，店长参考了同行店铺的经验值。这种标准制定方法属于(　　)。
   A. 工程方法　　　　　　　　　　B. 统计计算法
   C. 经验估计法　　　　　　　　　D. 实验测定法

20. 某医院发现近期术后感染率上升，立即成立专项小组调查手术流程并修订消毒规范。这是控制过程的(　　)。
   A. 确定标准　　　　　　　　　　B. 衡量绩效
   C. 分析偏差　　　　　　　　　　D. 实施纠偏

二、判断选择题(本大题共20小题，每小题1分，共20分。判断下列各小题正误，正确的请将答题卡上对应题目的答案代码"A"涂黑，错误的请将答题卡上对应题目的答案代码"B"涂黑。未涂、错涂或多涂均不得分。)

21. 控制的本质是监督和纠偏的动态过程。　　　　　　　　　　　　　　　(　　)
   A. 正确　　　　　　　　　　　　B. 错误

22. 例外原则要求管理者只处理重大偏差，无须关注日常事务。　　　　　(　　)
   A. 正确　　　　　　　　　　　　B. 错误

23. 控制的根本目的是确保组织活动按计划推进，最终实现既定目标。　(　　)
   A. 正确　　　　　　　　　　　　B. 错误

24. 控制趋势原则只关注长期趋势，不考虑短期变化。　　　　　　　　　(　　)
   A. 正确　　　　　　　　　　　　B. 错误

25. 控制关键点原则要求管理者对所有活动进行同等重视。　　　　　　(　　)
   A. 正确　　　　　　　　　　　　B. 错误

26. 控制趋势原则强调在偏差明显后再采取措施。　　　　　　　　　　　(　　)
   A. 正确　　　　　　　　　　　　B. 错误

27. 俗话说"吃一堑，长一智"在控制上就是前馈控制。　　　　　　　　(　　)
   A. 正确　　　　　　　　　　　　B. 错误

28. 反馈控制的致命缺陷在于整个活动已经结束，活动中出现的偏差已在系统内部造成损害，对于已经形成的经营结果来说都是无济于事的。　　　　　　　　(　　)

A. 正确　　　　　　　　　　　　B. 错误

29. 远程手术技术扩大了现场控制的适用范围。　　　　　　　　　　　　(　　)
   A. 正确　　　　　　　　　　　　B. 错误

30. "顾客投诉率"是反馈控制的典型应用指标。　　　　　　　　　　　　(　　)
   A. 正确　　　　　　　　　　　　B. 错误

31. 前馈控制主要依赖于历史数据进行预测。　　　　　　　　　　　　　(　　)
   A. 正确　　　　　　　　　　　　B. 错误

32. 反馈控制的主要作用是避免未来出现类似偏差。　　　　　　　　　　(　　)
   A. 正确　　　　　　　　　　　　B. 错误

33. 现场控制容易在控制者与被控制者之间形成对立情绪。　　　　　　(　　)
   A. 正确　　　　　　　　　　　　B. 错误

34. "客户投诉率≤5%"属于定量标准中的质量标准。　　　　　　　　　(　　)
   A. 正确　　　　　　　　　　　　B. 错误

35. 制定控制标准时，定性标准无须客观化。　　　　　　　　　　　　　(　　)
   A. 正确　　　　　　　　　　　　B. 错误

36. 控制标准应尽量提高以激发员工潜力。　　　　　　　　　　　　　　(　　)
   A. 正确　　　　　　　　　　　　B. 错误

37. 工程方法制定标准依赖历史统计数据。　　　　　　　　　　　　　　(　　)
   A. 正确　　　　　　　　　　　　B. 错误

38. 衡量绩效的频度越高，控制效果越好。　　　　　　　　　　　　　　(　　)
   A. 正确　　　　　　　　　　　　B. 错误

39. 在控制过程中，如果实际绩效与标准无偏差，则无须进行分析和纠偏。(　　)
   A. 正确　　　　　　　　　　　　B. 错误

40. 控制标准应尽可能具体，最好用数量来表示，但并非所有标准都能用数量表示。
　　　　　　　　　　　　　　　　　　　　　　　　　　　　　　　　(　　)
   A. 正确　　　　　　　　　　　　B. 错误

三、名词解释(本大题共3小题，每小题4分，共12分。)

41. 反馈控制

42. 偏差

43. 统计计算法

四、简答题(本大题共 3 小题，每小题 8 分，共 24 分。)

44. 简述控制的内涵。

45. 简述前馈控制的优缺点。

46. 简述控制标准的类型。

五、案例分析题(本大题共有两题，其中案例一为选择题，每小题 2 分，共 10 分；案例二为文字分析题，每小题 7 分，共 14 分。)

案例一 潮玩先锋——泡泡玛特

泡泡玛特作为潮流文化娱乐企业，盲盒产品的供应链管理对其市场竞争力至关重要。为避免生产过剩，采购部门在新品开发前引入"IP 热度预测模型"，结合社交媒体话题量、粉丝投票数据等设定生产预估值，并与代工厂签订弹性产能协议（允许临时增减订单量±20%）。

生产阶段，质量控制团队每日抽检盲盒涂装工艺，发现某系列产品色差率超过 5% 时，立即暂停生产线并调整喷涂参数。同时，通过物联网设备实时追踪代工厂的生产进度，确保交期偏差不超过 3 天。

新品上市后，市场部门每周分析销售数据，发现"樱花系列"盲盒在华东地区销量达预期的 150%，但西北地区仅完成 60%。据此，公司调整区域库存调拨策略，并对冷门地区推出"买一赠一"促销活动。

根据本案例材料回答下列问题：

47. 泡泡玛特采购部门引入"IP 热度预测模型"设定生产预估值，该行为属于（　　）。

A. 前馈控制　　　　　　　　B. 现场控制

C. 反馈控制　　　　　　　　D. 战略控制

48. 质量控制团队发现色差率超 5% 时暂停生产线调整参数，这一行为属于控制过程的（　　）。

A. 确定标准　　　　　　　　B. 衡量绩效

C. 制订计划　　　　　　　　D. 分析与纠偏

49. 泡泡玛特发现西北地区销量持续偏低,下列纠偏措施中属于"彻底纠偏"的是( )。
   A. 推行"买一赠一"促销　　　　B. 处罚西北地区销售经理
   C. 增加该地区广告投放预算　　　D. 调研西北用户偏好并开发专属 IP

50. 案例中做法最能体现控制标准中"前瞻性"的是( )。
   A. 签订弹性产能协议　　　　　　B. 要求交期偏差≤3 天
   C. 设定色差率≤5%的质量阈值　　D. 利用物联网实时追踪生产进度

51. (多选)以下措施中属于反馈控制的有( )。
   A. 使用"IP 热度预测模型"设定生产预估值
   B. 通过物联网设备实时追踪代工厂生产进度
   C. 新品上市后分析销售数据并调整区域库存
   D. 对冷门地区推出"买一赠一"促销活动

案例二　速达全球

新兴跨境电商品牌"速达全球"主打东南亚市场,主打产品为定制化服装。今年旺季前夕,平台预测某爆款 T 恤需求将增长 300%,遂向代工厂追加订单。然而实际销量仅达预期的 70%,导致仓库积压 20 万件库存。

经过调查分析得出:①预测模型仅参考去年同期数据,未考虑今年极端气候对消费心理的影响;②生产启动后,东南亚工厂突发罢工潮,交付周期延长 15 天;③首批到货时发现 30%产品存在色差问题,但质检部门未在入库环节拦截。面对滞销风险,运营总监决定:①紧急联系其他工厂赶制替代款式;②通过社交媒体发起"晒单返现"活动消化库存;③修订质检流程,增设第三方验布环节。

根据本案例材料回答下列问题:

52. 根据"控制的原则",指出"速达全球"在控制过程中存在哪些不足。(写 2 个即可)

53. 结合案例,分析"速达全球"在库存积压事件中体现了哪些控制类型以及存在的问题。

【管理学基础】第六章单元测试 A 卷

注意事项：

1. 本卷共100分，分为试卷和答题卡两部分，考生必须在答题卡上作答，作答在试卷上无效。
2. 作答前务必将自己的姓名和准考证号准确清晰地填写在试卷和答题卡的指定位置。
3. 考试结束时，须将试卷和答题卡一并交回。

一、单项选择题（本大题共20小题，每小题1分，共20分。在每小题列出的四个备选项中只有一个是符合题目要求的，请选出并将答题卡上对应的答案代码涂黑，错涂、多涂或未涂均不得分。）

1. 曾在《经济发展理论》中把创新定义为企业家职能的学者是（　　）。
   A. 波特　　　　　　　　　　B. 熊彼特
   C. 泰勒　　　　　　　　　　D. 德鲁克

2. 为适应系统内外变化而进行的局部和全局的调整是管理的（　　）。
   A. 决策职能　　　　　　　　B. 控制职能
   C. 组织职能　　　　　　　　D. 创新职能

3. 在管理创新中，"流创新"的特点是（　　）。
   A. 管理理念的根本变革　　　B. 职能层面的局部调整
   C. 组织架构的全面重构　　　D. 创新活动的管理过程

4. 德鲁克对创新的定义是（　　）。
   A. 引入新产品　　　　　　　B. 开辟新市场
   C. 建立新组织形式　　　　　D. 改变现存物质财富创造潜力的方式

5. 某企业引入"员工自主管理小组"，改变传统层级控制模式，这属于（　　）。
   A. 流创新　　　　　　　　　B. 源创新
   C. 要素创新　　　　　　　　D. 结构创新

6. 在管理创新中，"管理既是名词又是动词"，作为动词是指（　　）。
   A. 组织架构的创新　　　　　B. 流程优化的创新
   C. 管理工作的创新活动　　　D. 对创新活动的管理过程

7. 下列关于管理创新目标，描述错误的是（　　）。
   A. 提高组织效率　　　　　　B. 创造社会财富
   C. 确保永久盈利　　　　　　D. 实现组织新目标

8. 关于创新与维持的关系，下列说法中正确的是（　　）。
   A. 创新与维持没有关系　　　B. 创新是维持的逻辑延续
   C. 维持是创新基础上的发展　D. 创新是为更高层次的维持提供依托和框架

9. 以下案例体现"维持是创新的逻辑延续"的是（　　）。
   A. 柯达拒绝数码转型　　　　B. 诺基亚坚持功能机设计
   C. 海底捞保持服务标准不变　D. 华为在5G技术上持续投入

10. 某公司长期依赖传统产品，市场反应迟钝，最终被市场淘汰，这主要是因为缺乏（　　）。
    A. 维持职能　　　　　　　　B. 创新职能
    C. 控制职能　　　　　　　　D. 决策职能

11. 下列属于维持活动的是（　　）。
    A. 企业优化绩效考核制度　　B. 医院引入AI诊断系统
    C. 学校每天检查教学秩序　　D. 餐厅推出季节限定菜品

12. 以下属于"结构创新"的是（　　）。
    A. 开发新产品　　　　　　　B. 引入新技术
    C. 改变营销策略　　　　　　D. 调整部门协作方式

13. 自发创新的特点是（　　）。
    A. 结果确定　　　　　　　　B. 无须协调
    C. 应对环境变化　　　　　　D. 由管理层计划

14. 面包店在原有产品中加入新夹心，此创新属于（　　）。
    A. 整体创新　　　　　　　　B. 局部创新
    C. 要素创新　　　　　　　　D. 自发创新

15. 下列属于"有组织创新"的是（　　）。
    A. 随机调整产品设计　　　　B. 依赖市场反馈被动变革
    C. 员工自发尝试新服务流程　D. 企业通过制度规划引导创新活动

16. 根据变革方式分类，微信逐步拓展功能属于（　　）。
    A. 整体创新　　　　　　　　B. 要素创新
    C. 局部创新　　　　　　　　D. 结构创新

17. 按创新程度分类，管理创新包括（　　）。
    A. 局部创新和整体创新　　　B. 自发创新和有组织创新
    C. 渐进式创新和破坏性创新　D. 要素创新和结构创新

18. 按变革方式分类，"企业引入数字化管理系统"属于（　　）。

— 1 —

A. 要素创新 B. 结构创新
C. 局部创新 D. 整体创新

19. 自发创新的特点是( )。
A. 结果确定 B. 风险较低
C. 有计划推进 D. 由子系统自主发起

20. 下列属于破坏性创新的是( )。
A. 超市调整货架布局 B. 企业优化薪酬制度
C. 手机新增指纹解锁功能 D. 数码相机替代胶卷相机

二、判断选择题(本大题共 20 小题,每小题 1 分,共 20 分。判断下列各小题正误,正确的请将答题卡上对应题目的答案代码"A"涂黑,错误的请将答题卡上对应题目的答案代码"B"涂黑。未涂、错涂或多涂均不得分。)

21. 管理创新中的"管理"是指名词意义上的管理工作创新。 ( )
A. 正确 B. 错误

22. 流创新是指对管理理念和思维的根本性变革,源创新是指在现有思维下的职能调整。 ( )
A. 正确 B. 错误

23. 源创新不会改变管理逻辑。 ( )
A. 正确 B. 错误

24. 阿里"小二文化"通过改变管理理念提升服务效率,属于管理思维创新。 ( )
A. 正确 B. 错误

25. 管理创新活动包含维持活动和创新活动两种类型。 ( )
A. 正确 B. 错误

26. 管理创新仅仅是指引入新的管理技术和工具。 ( )
A. 正确 B. 错误

27. 某公司通过引入敏捷管理方法,提高了项目交付速度,这是管理创新的体现。 ( )
A. 正确 B. 错误

28. 管理创新是持续的过程,需要不断适应和引领变化。 ( )
A. 正确 B. 错误

29. 维持是创新的逻辑延续,创新是维持基础上的发展。 ( )
A. 正确 B. 错误

30. 某公司在市场环境变化时,坚持原有管理模式不变,最终导致业绩下滑,这说明了维持与创新平衡的重要性。 ( )
A. 正确 B. 错误

31. 有效管理只需关注创新,维持会抑制组织活力。 ( )
A. 正确 B. 错误

32. 维持职能的核心是确保系统按预定规则运行,创新职能的核心是应对内外变化。 ( )
A. 正确 B. 错误

33. 过度创新会导致组织僵化,过度维持会导致资源浪费。 ( )
A. 正确 B. 错误

34. 某企业长期沿用传统管理模式,拒绝任何变革,属于过度维持。 ( )
A. 正确 B. 错误

35. 破坏性创新是对现有管理理论的根本性突破。 ( )
A. 正确 B. 错误

36. 自发创新的结果具有确定性,而有组织的创新结果更可控。 ( )
A. 正确 B. 错误

37. 要素创新是指对管理要素的组合方式进行调整。 ( )
A. 正确 B. 错误

38. 局部创新会改变系统的目标和使命,整体创新仅调整部分要素。 ( )
A. 正确 B. 错误

39. 渐进式创新是对现有管理理念和方法的根本性变革。 ( )
A. 正确 B. 错误

40. 某公司通过重新设计其业务流程,提高了客户满意度和运营效率,这属于要素创新。 ( )
A. 正确 B. 错误

三、名词解释(本大题共 3 小题,每小题 4 分,共 12 分。)

41. 管理创新

42. 渐进式创新

43. 自发创新

四、简答题(本大题共3小题,每小题8分,共24分。)

44. 简述管理创新的内涵。

45. 简述创新与维持的关系。

46. 简述按照创新的变革方式分类,管理创新的类型。

五、案例分析题(本大题共有两题,其中案例一为单选题,每小题2分,共10分;案例二为文字分析题,每小题7分,共14分。)

案例一 小米的管理创新实践

小米以"互联网思维"重构传统制造业,在管理创新中融合维持与变革。

通过"米粉社区"建立用户参与产品研发机制,将用户需求融入MIUI系统迭代,重构用户关系,打破传统厂商单向沟通模式。组织管理上推行"扁平化架构+跨部门项目组",提升决策效率;技术层面研发高端手机芯片,并以"小米生态链"构建涵盖智能家居的跨领域生态系统。供应链管理中,引入数字化库存系统,同时通过ISO 9001认证维持质量标准,实现效率与品质的平衡。

根据本案例材料回答下列问题:

47. 小米通过"米粉社区"重构用户关系,属于管理创新内涵中的( )。

　　A. 流创新　　　　　　　　B. 源创新

　　C. 局部创新　　　　　　　D. 结构创新

48. 小米推行"扁平化管理"属于熊彼特创新形式中的( )。

　　A. 产品创新　　　　　　　B. 工艺创新

　　C. 市场创新　　　　　　　D. 组织管理创新

49. "小米生态链"战略改变企业运行方式,按变革方式分类属于( )。

　　A. 局部创新　　　　　　　B. 整体创新

　　C. 要素创新　　　　　　　D. 自发创新

50. 小米通过ISO 9001认证维持质量标准,体现管理的( )。

　　A. 创新职能　　　　　　　B. 维持职能

C. 控制职能　　　　　　　　D. 领导职能

51. MIUI 系统每周迭代用户反馈的功能，从创新连续性角度看，这种实践最符合(　　)。

A. 源创新　　　　　　　　　B. 维持职能
C. 渐进式创新　　　　　　　D. 破坏性创新

案例二　元气森林的"无糖风暴"

元气森林在初创阶段，精准锁定年轻群体的健康需求，颠覆了传统饮料配方的固有逻辑，创新性地推出了"赤藓糖醇+碳酸"的无糖气泡水。初期，公司借助小红书和KOC的种草力量，成功实现了口碑的广泛传播；随后，通过构建数字化平台，精准分析消费者偏好，进一步优化产品策略。面对行业巨头的围剿，元气森林不断推陈出新，推出地域限定口味，并积极布局智能工厂，实现柔性生产。短短三年内，公司估值突破百亿大关。

根据本案例材料回答下列问题：

52. 从管理创新的类型角度，分析元气森林推出无糖气泡水及后续创新举措分别属于哪些创新类型。(写出两个即可)

53. 根据熊彼特提出的五种创新形式(产品创新、工艺创新、市场创新、资源创新、组织管理创新)，分析元气森林案例中体现了哪些创新方式。(任意三点即可)

【管理学基础】第六章单元测试 B 卷

注意事项：

1. 本卷共 100 分，分为试卷和答题卡两部分，考生必须在答题卡上作答，作答在试卷上无效。
2. 作答前务必将自己的姓名和准考证号准确清晰地填写在试卷和答题卡的指定位置。
3. 考试结束时，须将试卷和答题卡一并交回。

一、单项选择题（本大题共 20 小题，每小题 1 分，共 20 分。在每小题列出的四个备选项中只有一个是符合题目要求的，请选出并将答题卡上对应的答案代码涂黑，错涂、多涂或未涂均不得分。）

1. 熊彼特在《经济发展理论》中提出的创新形式不包括（　　）。
   A. 产品创新　　　　　　　　B. 工艺创新
   C. 流程创新　　　　　　　　D. 资源创新

2. 下列属于"源创新"的是（　　）。
   A. 企业优化生产线流程　　　B. 学校引入智能考勤系统
   C. 超市增加线上购物功能　　D. 海尔推行"人单合一"管理模式

3. 德鲁克认为创新的本质是（　　）。
   A. 新的技术突破　　　　　　B. 新思想的实践
   C. 增加企业利润　　　　　　D. 改变组织结构

4. 作为动词的"管理创新"强调（　　）。
   A. 优化组织结构　　　　　　B. 制定新规则
   C. 引入新技术　　　　　　　D. 积极管理创新活动

5. 某企业用大数据分析消费者行为并制定营销策略，体现了管理创新的（　　）。
   A. 名词属性　　　　　　　　B. 动词属性
   C. 维持属性　　　　　　　　D. 控制属性

6. 以下不属于管理创新的内涵的是（　　）。
   A. 改变管理理念　　　　　　B. 提升组织效率
   C. 维持流程不变　　　　　　D. 创造社会财富

7. 下面描述中属于"流创新"的是（　　）。
   A. 零售企业关闭所有实体店，全面转型为线上销售
   B. 制造企业在原有生产线上微调流程，引入高效自动化设备
   C. 初创公司推出全新共享经济商业模式，高效利用闲置资源
   D. 科技公司完全改变传统软件开发流程，引入 AI 自动化开发平台

8. 创新与维持的逻辑关系是（　　）。
   A. 相互对立　　　　　　　　B. 维持限制创新
   C. 创新取代维持　　　　　　D. 互为基础和延续

9. 系统进行创新的根本原因是（　　）。
   A. 内外环境变化　　　　　　B. 管理者个人偏好
   C. 减少员工工作量　　　　　D. 降低企业成本

10. 过度维持的不良影响不包括（　　）。
    A. 组织僵化保守　　　　　　B. 反应能力下降
    C. 失去发展机会　　　　　　D. 资源浪费严重

11. 以下情景最能体现"过度维持"管理的是（　　）。
    A. 企业每年将利润的 10% 投入研发新技术
    B. 老字号餐厅以"传统手工"为卖点，坚持古法工艺
    C. 公司拒绝升级数字化管理系统，仍依赖纸质记录
    D. 工厂为提升效率，逐步引入自动化机器人替代人工流水线

12. 结构创新是在管理投入要素的核心概念不变的情况下，对（　　）进行的创新。
    A. 要素本身　　　　　　　　B. 系统性质
    C. 系统目标　　　　　　　　D. 要素组合方式

13. 以下属于自发创新特点的是（　　）。
    A. 高度计划性　　　　　　　B. 结果不确定
    C. 管理层主导　　　　　　　D. 过程无风险

14. 以下属于"要素创新"的是（　　）。
    A. 推出新产品　　　　　　　B. 优化生产流程
    C. 开辟新市场　　　　　　　D. 引入 AI 技术改进管理

15. "企业根据市场需求调整产品包装设计"属于（　　）。
    A. 整体创新　　　　　　　　B. 局部创新
    C. 结构创新　　　　　　　　D. 自发创新

16. 某学校从"应试教育"转向"素质教育"，属于（　　）。
    A. 整体创新　　　　　　　　B. 局部创新
    C. 渐进式创新　　　　　　　D. 有组织创新

17. 微信从聊天工具逐步增加支付、小程序等功能，属于（　　）。

— 1 —

A. 整体创新 B. 自发创新
C. 破坏性创新 D. 渐进式创新

18. 改变管理要素组合方式，类似于乐高积木用相同模块组合出新模型，属于（　　）。
   A. 要素创新 B. 结构创新
   C. 整体创新 D. 市场创新

19. 某公司员工自发提出改进工作流程的建议，并得到公司采纳，这属于（　　）。
   A. 自发创新 B. 有组织创新
   C. 整体式创新 D. 破坏性创新

20. 有组织创新包含的两层意思是（　　）。
   A. 局部调整与全面改革 B. 维持现状与突破传统
   C. 制度化检查与自发调整 D. 计划组织与引导利用自发创新

二、判断选择题（本大题共 20 小题，每小题 1 分，共 20 分。判断下列各小题正误，正确的请将答题卡上对应题目的答案代码"A"涂黑，错误的请将答题卡上对应题目的答案代码"B"涂黑。未涂、错涂或多涂均不得分。）

21. 管理思维创新是职能创新的基础，职能创新又能推动思维创新。　　　　　（　）
   A. 正确 B. 错误

22. 德鲁克认为，创新仅是新思想的产生，无须付诸行动。　　　　　　　　　（　）
   A. 正确 B. 错误

23. 管理创新仅指对管理职能的局部调整。　　　　　　　　　　　　　　　　（　）
   A. 正确 B. 错误

24. 流创新是在既有管理思维下的职能改进。　　　　　　　　　　　　　　　（　）
   A. 正确 B. 错误

25. 某企业优化现有生产线流程，未改变管理逻辑，属于源创新。　　　　　　（　）
   A. 正确 B. 错误

26. 管理创新是产生新的管理思想和行为的过程，旨在提升组织管理效率。　　（　）
   A. 正确 B. 错误

27. 管理创新只关注组织内部的管理变革，不考虑外部环境变化。　　　　　　（　）
   A. 正确 B. 错误

28. 管理创新必须伴随着技术革新，否则不能称为创新。　　　　　　　　　　（　）
   A. 正确 B. 错误

29. 创新意味着完全摒弃维持，追求全新的管理理念和方法。　　　　　　　　（　）
   A. 正确 B. 错误

30. 管理创新不仅包括对管理活动的变革与创新，更包括思维创新。　　　　　（　）
   A. 正确 B. 错误

31. 过度维持可能导致组织僵化，而过度创新则可能引发组织动荡。　　　　　（　）
   A. 正确 B. 错误

32. 只有创新没有维持，系统会陷入无序混乱；只有维持没有创新，系统会被环境淘汰。
   （　）
   A. 正确 B. 错误

33. 海底捞定期推出新菜品但保持服务标准，体现了维持与创新的融合。　　　（　）
   A. 正确 B. 错误

34. 某企业在三年内连续推翻原有产品线、更换组织架构并调整战略方向 5 次，导致员工疲于适应新流程、客户对品牌认知混乱。这种现象属于过度创新。　　　　（　）
   A. 正确 B. 错误

35. 破坏性创新通常涉及对现有管理理论、手段和方法的根本性突破。　　　　（　）
   A. 正确 B. 错误

36. 某企业通过引入新的生产技术，提高了生产效率，这属于渐进式创新。　　（　）
   A. 正确 B. 错误

37. 自发创新是由组织内部各子系统根据环境变化自发进行的调整，结果不确定。
   （　）
   A. 正确 B. 错误

38. 某餐厅服务员发现顾客常抱怨等餐时间长，主动建议厨房将畅销菜预制半成品。这种由基层员工推动的改进属于有组织创新。　　　　　　　　　　　　　（　）
   A. 正确 B. 错误

39. 学校将传统教室改造为"智慧教室"，引入互动白板、学生平板等设备，但教学目标仍以知识传授为主，这属于整体创新。　　　　　　　　　　　　　　　（　）
   A. 正确 B. 错误

40. 某企业突然宣布取消所有部门层级，颠覆传统管理模式，属于渐进式创新。（　）
   A. 正确 B. 错误

三、名词解释（本大题共 3 小题，每小题 4 分，共 12 分。）

41. 要素创新

42. 自发创新

43. 管理的维持职能

四、简答题(本大题共 3 小题,每小题 8 分,共 24 分。)

44. 简述熊彼特管理创新思想提出的"新的生产函数"的五种形式。

45. 简述"有组织的创新"的含义。

46. 简述按照创新程度分类,管理创新的类型。

五、案例分析题(本大题共有两题,其中案例一为选择题,47~49 每小题 2 分,50、51 每小题 3 分,共 12 分;案例二为文字分析题,每小题 6 分,共 12 分。)

案例一 百年中药企业同仁堂

同仁堂作为百年中药企业,长期以来依托传统门店销售和师徒传承模式维系运营。

近年来,面对年轻消费者的流失,同仁堂积极启动数字化转型:首先,开发线上问诊平台,引入 AI 辅助诊断技术,突破传统问诊模式;其次,保留古法炮制工艺,同时采用区块链技术追溯药材来源;最后,建立"数字学徒"系统,将老药师的经验转化为标准化数据库。经过转型,企业市场份额提升了 30%,然而,部分老员工因流程变革而产生了抵触情绪。

根据本案例材料回答下列问题:

47. 同仁堂开发线上问诊平台并引入 AI 辅助诊断技术,这一举措属于管理创新中的( )。

A. 自发创新　　　　　　　　B. 结构创新
C. 渐进式创新　　　　　　　D. 破坏性创新

48. 同仁堂采用区块链技术追溯药材来源,这属于熊彼特创新形式中的( )。

A. 产品创新　　　　　　　　B. 工艺创新
C. 市场创新　　　　　　　　D. 开发新的资源

49. 同仁堂在保留古法工艺基础上引入数字技术,其创新类型属于( )。

A. 整体创新　　　　　　　　B. 自发创新
C. 破坏性创新　　　　　　　D. 渐进式创新

50. (多选)同仁堂数字化转型中部分老员工产生抵触情绪,反映出管理创新的风险是( )。

A. 资源消耗超出创新收益　　　　B. 创新削弱了原有制度权威性
C. 变革速度超出组织适应能力　　D. 过度创新导致组织凝聚力下降

51.（多选）该案例中创新带来的影响，符合关于"维持与创新关系"论述的是(　　)。
A. 药材成本增加证明"维持是创新的基础"
B. 老员工抵触反映"过度创新可能削弱凝聚力"
C. 市场份额提升体现"维持为创新提供新框"
D. 数字化转型说明"创新是维持基础上的发展"

案例二　瑞幸咖啡的数字化破局

瑞幸咖啡(Luckin Coffee)在创立初期，面对星巴克主导的传统咖啡市场，大胆实施了全方位的改革。

数字化运营：全面推行100%线上点单、自提与外卖相结合的模式，彻底摒弃了传统门店的社交场景。

技术驱动：通过App高效收集用户数据，动态调整库存与营销策略。

组织变革：构建"中央厨房+轻型门店"的新型架构，有效压缩成本并提升运营效率。

这一系列举措颠覆了行业传统的"第三空间"(家庭、职场、社交)理念，但快速扩张过程中也引发了财务造假危机。2020年后，瑞幸咖啡在经历快速扩张与财务调整后，逐步调整战略方向，转而聚焦于内部管理与运营效率的优化，通过一系列精细化措施如门店运营标准化、成本控制与效率优化等稳固业务基础，并最终实现盈利目标。

根据本案例材料回答下列问题：

52. 从创新程度和变革方式两个维度，分析瑞幸在创立初期所采取的创新形式，并阐述其理由。

53. 瑞幸咖啡在经历财务造假危机后，通过一系列精细化措施实现盈利。这些措施体现了管理中的维持还是创新(从维持和创新的关系进行分析)。

【经济学基础】第一、二章阶段测试卷

注意事项：

1. 本卷共60分，分为试卷和答题卡两部分，考生必须在答题卡上作答，作答在试卷上无效。

2. 作答前务必将自己的姓名和准考证号准确清晰地填写在试卷和答题卡的指定位置。

3. 考试结束时，须将试卷和答题卡一并交回。

一、单项选择题（本大题共 8 小题，每小题 2 分，共 16 分。在每小题列出的四个备选项中只有一个是符合题目要求的，请选出并将答题卡上对应的答案代码涂黑，错涂、多涂或未涂均不得分。）

1. 供给规律说明（　　）。
   A. 技术水平提升会使商品的供给量增加
   B. 政策激励某商品的生产，该商品的供给量增加
   C. 消费者偏好消费某商品，该商品的价格上升
   D. 商品价格上升导致该商品的供给量增加

2. 发生下列情况时，会使苹果的需求曲线右移的是（　　）。
   A. 消费者收入增加
   B. 卫生组织发布一份报告，称多吃苹果可治癌
   C. 苹果的价格下降
   D. 今年苹果迎来大丰收，预期苹果下个月将降价

3. 预算约束线反映的是（　　）。
   A. 消费者的收入约束   B. 消费者的偏好
   C. 消费者效用最大化的所有消费组合   D. 单位货币的购买力

4. 薄利多销的商品通常是（　　）。
   A. 富有弹性   B. 缺乏弹性
   C. 单位弹性   D. 无穷弹性

5. 棉花歉收，会导致棉衣的（　　）。
   A. 均衡价格上升，均衡数量上升   B. 均衡价格上升，均衡数量下降
   C. 均衡价格下降，均衡数量下降   D. 均衡价格下降，均衡数量上升

6. 总效用曲线达到顶点时（　　）。
   A. 边际效用曲线达到最大点   B. 边际效用为正
   C. 边际效用为零   D. 边际效用为负

7. 在同一坐标平面上，任意两条无差异曲线都不能相交，否则就会违背（　　）。
   A. 无差异曲线斜率为负的特点
   B. 不同无差异曲线代表不同满足程度的特点
   C. 无差异曲线凸向原点的特点
   D. 边际替代率递减的规律

8. 消费者剩余是（　　）。
   A. 消费者的实际所得   B. 消费者的主观感受
   C. 消费者没有花钱购买的部分   D. 消费者消费剩下的部分

二、判断选择题（本大题共 8 小题，每小题 1 分，共 8 分。判断下列各小题正误，正确的请将答题卡上对应题目的答案代码"A"涂黑，错误的请将答题卡上对应题目的答案代码"B"涂黑。未涂、错涂或多涂均不得分。）

9. 边际效用存在着递减规律，因此食品的边际效用随着食品数量的增加而减少。　（　　）
   A. 正确   B. 错误

10. 供给曲线左移，若保持价格不变，厂商提供的商品数量增加。　（　　）
    A. 正确   B. 错误

11. 政府若取消按支持价格收购粮食的政策，那么粮食总产量将增加。　（　　）
    A. 正确   B. 错误

12. 市场均衡价格一定随着需求与供给的增加而上升。　（　　）
    A. 正确   B. 错误

13. 消费者的收入变动会引起商品需求量的变动而不是商品需求的变动。　（　　）
    A. 正确   B. 错误

14. 李明吃三个苹果时的总效用满足程度为30，吃四个苹果时的总效用满足程度为25，则第四个苹果他的边际效用为5。　（　　）
    A. 正确   B. 错误

15. 基数效用论是总效用和边际效用概念的基础。　（　　）
    A. 正确   B. 错误

16. 在同一条无差异曲线上，消费者得到的效用水平是无差异的。　（　　）
    A. 正确   B. 错误

三、名词解释(本大题共3小题,每小题4分,共12分。)

17. 需求规律

18. 弹性

19. 边际替代率

四、简答题(本大题共3小题,每小题8分,共24分。)

20. 简述影响商品供给数量变动的因素。

21. 简述消费者偏好的四个假设。

22. 根据基数效用理论,简述边际效用与总效用的关系。

【经济学基础】第三、四章阶段测试卷

注意事项：

1. 本卷共60分，分为试卷和答题卡两部分，考生必须在答题卡上作答，作答在试卷上无效。
2. 作答前务必将自己的姓名和准考证号准确清晰地填写在试卷和答题卡的指定位置。
3. 考试结束时，须将试卷和答题卡一并交回。

一、单项选择题（本大题共8小题，每小题2分，共16分。在每小题列出的四个备选项中只有一个是符合题目要求的，请选出并将答题卡上对应的答案代码涂黑，错涂、多涂或未涂均不得分。）

1. 企业利润最大化的原则是（   ）。
   A. 边际成本等于平均成本   B. 边际收益等于平均收益
   C. 平均成本等于平均收益   D. 边际成本等于边际收益

2. 厂商是既定价格接受者的市场结构类型的是（   ）。
   A. 完全竞争市场   B. 垄断竞争市场
   C. 寡头垄断市场   D. 垄断市场

3. 已知厂商产量为50单位时，总成本等于255，产量增加到51单位时，总成本等于265，则边际成本为（   ）。
   A. 15   B. 10
   C. 5   D. 2

4. 一个完全竞争厂商处于短期均衡的条件是（   ）。
   A. $P=AC$ B. $AC=MC$
   C. $P=MC$ D. $AVC=MC$

5. 根据经济学上所指的生产短期与长期概念，仅在短期中存在的成本是（   ）。
   A. 机会成本   B. 平均成本
   C. 固定成本   D. 可变成本

6. 区分垄断竞争市场和完全竞争市场的主要依据是（   ）。
   A. 进入市场的难易程度   B. 市场中厂商竞争的激烈程度
   C. 市场中厂商数目的多少   D. 厂商生产产品的差别程度

7. 假设一个厂商生产的短期平均成本为78元，平均固定成本为30元，产品的价格为56元。那么在短期内，该厂商应该（   ）。
   A. 停止生产   B. 继续生产
   C. 减少固定成本   D. 扩大生产线

8. 以下产品市场中不属于典型的垄断竞争市场的是（   ）。
   A. 计算机   B. 餐饮
   C. 黄金   D. 茶叶

二、判断选择题（本大题共8小题，每小题1分，共8分。判断下列各小题正误，正确的请将答题卡上对应题目的答案代码"A"涂黑，错误的请将答题卡上对应题目的答案代码"B"涂黑。未涂、错涂或多涂均不得分。）

9. 会计成本包含隐性成本支出，经济成本只记录实际支出，所以会计成本比经济成本大。（   ）
   A. 正确   B. 错误

10. 短期内，边际产量与总产量、平均产量均呈现先递增后递减的特征，边际产量递减时必定带来总产量与平均产量递减。（   ）
    A. 正确   B. 错误

11. 随着产量的增加，短期固定成本先增加后减少。（   ）
    A. 正确   B. 错误

12. 寡头垄断市场条件下厂商可以通过协议或默契行为操纵价格。（   ）
    A. 正确   B. 错误

13. 如果边际收益小于边际成本，追求利润最大化的厂商将会减少产量。（   ）
    A. 正确   B. 错误

14. 垄断企业可以任意制定价格。（   ）
    A. 正确   B. 错误

15. 在完全竞争市场上，整个行业的需求曲线为一条水平线，单个企业面临的需求曲线则是一条向右下方倾斜的曲线。（   ）
    A. 正确   B. 错误

16. 短期内，当垄断企业按利润最大化产量进行生产时，其一定能够盈利。（   ）
    A. 正确   B. 错误

三、名词解释(本大题共3小题,每小题4分,共12分。)

17. 边际报酬递减规律

18. 一级价格歧视

19. 寡头垄断市场

四、简答题(本大题共3小题,每小题8分,共24分。)

20. 简述市场结构的划分依据。

21. 在短期生产分析中,总产量、平均产量和边际产量之间的关系如何?

22. 简述垄断竞争市场的特点。

【管理学基础】第一、二、三章阶段测试卷

注意事项：

1. 本卷共90分，分为试卷和答题卡两部分，考生必须在答题卡上作答，作答在试卷上无效。
2. 作答前务必将自己的姓名和准考证号准确清晰地填写在试卷和答题卡的指定位置。
3. 考试结束时，须将试卷和答题卡一并交回。

一、单项选择题（本大题共12小题，每小题2分，共24分。在每小题列出的四个备选项中只有一个是符合题目要求的，请选出并将答题卡上对应的答案代码涂黑，错涂、多涂或未涂均不得分。）

1. 晨光制造公司引入科学管理原理后，对生产线进行流程优化和规范操作。这主要体现了泰勒理论的(　　)。
   A. 职能工长制　　　　　　　B. 例外管理原则
   C. 标准化作业方法　　　　　D. 差别计件工资制

2. 法约尔提出的"统一指挥"原则是指(　　)。
   A. 组织目标必须一致　　　　B. 组织内部分工明确
   C. 管理者权力与责任对等　　D. 一个下属只接受一个上级命令

3. "用正确的方法做正确的事"体现的管理原理是(　　)。
   A. 人本原理　　　　　　　　B. 系统原理
   C. 效益原理　　　　　　　　D. 适度原理

4. 某公司决定进入一个新市场，但由于缺乏历史数据，难以预测市场反应。这种决策属于(　　)。
   A. 确定型决策　　　　　　　B. 风险型决策
   C. 程序化决策　　　　　　　D. 不确定型决策

5. 目标管理的提出者是(　　)。
   A. 法约尔　　　　　　　　　B. 韦伯
   C. 德鲁克　　　　　　　　　D. 泰勒

6. 在决策过程中，管理者通过SWOT分析法识别出企业内部优势和外部机会，从而制定了市场扩张策略。这一决策属于(　　)。
   A. 战略决策　　　　　　　　B. 战术决策
   C. 业务决策　　　　　　　　D. 程序化决策

7. 某一快递公司在市区规划了30条不同的汽车配送路线，但是这些路线会遇到概率不定的堵车现象，此时快递人员选择时间最短路线的决策属于(　　)。
   A. 常规性决策　　　　　　　B. 风险型决策
   C. 确定型决策　　　　　　　D. 不确定型决策

8. 某公司采用"扁平化"组织结构，减少了管理层级，提高了信息传递效率。这一做法最符合组织设计的原则是(　　)。
   A. 目标一致原则　　　　　　B. 权责对等原则
   C. 分工与协作原则　　　　　D. 有效管理幅度原则

9. 在组织文化中，组织的规章制度、道德规范和行为准则属于(　　)。
   A. 物质层　　　　　　　　　B. 制度层
   C. 精神层　　　　　　　　　D. 行为层

10. 在管理幅度设计的影响因素中，下属工作的相似性越高，则(　　)。
    A. 管理幅度越小　　　　　　B. 管理幅度越大
    C. 管理层次越多　　　　　　D. 管理层次越少

11. 某制造企业拥有多个产品线，每个产品线独立经营、自负盈亏。该企业最可能采用的组织结构是(　　)。
    A. 直线制　　　　　　　　　B. 职能制
    C. 矩阵制　　　　　　　　　D. 事业部制

12. 矩阵制组织结构适用于(　　)。
    A. 跨国大型企业　　　　　　B. 职能单一的组织
    C. 稳定的中小型企业　　　　D. 临时性跨部门项目

二、判断选择题（本大题共12小题，每小题1分，共12分。判断下列各小题正误，正确的请将答题卡上对应题目的答案代码"A"涂黑，错误的请将答题卡上对应题目的答案代码"B"涂黑。未涂、错涂或多涂均不得分。）

13. 某经理通过数据分析优化生产线流程，体现管理的艺术性。　　　　　　　　(　　)
    A. 正确　　　　　　　　　　B. 错误

14. 学校鼓励教师参与学校管理决策，如课程设置、教学评估等。这一举措体现了管理的效益原理。　　　　　　　　　　　　　　　　　　　　　　　　　　　　(　　)
    A. 正确　　　　　　　　　　B. 错误

15. 某企业采用"多劳多得"的政策激励员工，符合泰勒科学管理的核心思想。(　　)
    A. 正确　　　　　　　　　　B. 错误

16. 非程序化决策是指处理不常发生的或例外的非结构化问题。　　　　　　　(　　)

— 1 —

A. 正确　　　　　　　　　　　　B. 错误

17. 计划工作的首要性是指计划职能是各级管理人员的一个共同职能。（　　）
   A. 正确　　　　　　　　　　　　B. 错误

18. 某企业通过德尔菲法预测市场需求，属于定量决策方法。（　　）
   A. 正确　　　　　　　　　　　　B. 错误

19. 某奶茶店根据PEST分析结果，调整门店选址策略，其中"消费者健康意识提升"属于经济环境。（　　）
   A. 正确　　　　　　　　　　　　B. 错误

20. 某公司在年底预算充足的情况下，按照供应商合同标价采购50台办公电脑，此决策属于确定性决策。（　　）
   A. 正确　　　　　　　　　　　　B. 错误

21. 直线职能制组织结构适用于规模较大、产品种类繁多的企业。（　　）
   A. 正确　　　　　　　　　　　　B. 错误

22. 组织文化的凝聚功能是指组织文化一旦形成，不仅会在组织内发挥作用，还会对社会产生影响。（　　）
   A. 正确　　　　　　　　　　　　B. 错误

23. 某制造企业通过减少管理层次、扩大管理幅度，使组织结构更加扁平化。这一调整有助于提高决策效率和员工参与度。（　　）
   A. 正确　　　　　　　　　　　　B. 错误

24. 在组织设计中，分工与协作原则要求将工作分解为专业化职能部门，并通过部门间协调实现整体目标。（　　）
   A. 正确　　　　　　　　　　　　B. 错误

三、名词解释（本大题共2小题，每小题4分，共8分。）

25. 目标管理

26. 组织文化

四、简答题（本大题共2小题，每小题8分，共16分。）

27. 简述管理的基本特征，并结合班级管理实例说明其应用。

28. 组织设计应遵循哪些原则？请简要解释每个原则的含义。

五、案例分析题（本大题共有两题，其中案例一为单选题，每小题3分，共15分；案例二为文字分析题，共15分。）

案例一　社区服务中心的管理挑战

某社区服务中心近期面临多项管理挑战。为提升服务质量，主任小张带领团队实施了一系列改革措施。重新设计部门架构，将原有的5个部门合并为3个以减少管理层级，并明确各岗位权责，通过制定排班表、明确服务规范等措施提高效率。

在策划"老年健康讲座"时，团队就是否引入外部合作机构产生了分歧，总结提出两种方案：方案A为完全自主策划，方案B为引入合作机构分担风险。另外，团队中部分成员因共同兴趣自发组成了读书小组,但该小组尚未纳入正式的管理流程。

根据本案例材料回答下列问题:

29. 社区服务中心主任小张通过制定排班表、明确服务规范等措施提高效率,这主要体现了管理的(   )。
  A. 决策职能   B. 组织职能
  C. 领导职能   D. 控制职能

30. 服务中心在策划"老年健康讲座"时,团队总结提出的两种方案属于(   )。
  A. 战略决策   B. 战术决策
  C. 业务决策   D. 程序化决策

31. 服务中心在评估"青少年暑期夏令营"方案时,分析了社区自身的资源和政府政策资金的支持情况。这属于环境分析方法中的(   )。
  A. PEST 分析法   B. 波特五力模型分析法
  C. SWOT 分析法   D. 情景分析法

32. 服务中心将原有 5 个部门合并为 3 个以减少管理层级。这一调整体现了组织设计的(   )。
  A. 目标一致原则   B. 分工与协作原则
  C. 有效管理幅度原则   D. 权责对等原则

33. 志愿者自发形成的读书小组未纳入正式管理流程,但成员间协作高效。从组织类型角度看,该小组属于(   )。
  A. 正式组织   B. 非正式组织
  C. 直线组织   D. 职能组织

案例二 "麦都"的管理挑战

麦都是一家备受青睐的连锁烘焙品牌,拥有众多本地门店。面对激烈的市场竞争,管理层近期决定采取措施,以增强品牌竞争力和提升运营效率。

麦都管理层发现,随着门店数量和产品种类的不断增加,亟需更明确的岗位分工来提高运营效率。为此,他们优化了工作流程,明确了面包师、裱花师、收银员、库存管理员和配送员的职责。还在管理层面增设了生产计划专员(负责每日产品生产排期)、质量检查员(监督蛋糕制作流程标准化)、库存协调员(制定原料采购计划并监控库存周转率)、服务培训专员(设计收银服务流程并培训员工)等专职管理岗位。这些举措有效减少了工作重叠,显著提升了运营效率。

麦都计划推出一款低糖、无添加的健康蛋糕,以满足消费者对健康饮食的日益增长的需求。该款蛋糕的单块成本为 18 元,而竞争对手的同类产品定价在 30~35 元,且有一定的固定消费人群。目标顾客群体为中老年人和注重健康的年轻人,他们愿意为高品质产品支付更多,但年轻人的需求容易发生变化。因此,麦都决定将这款蛋糕定价为 28 元,低于竞争对手,既保留了合理的利润空间,又突出了其健康价值。

根据本案例材料回答下列问题:

34. 麦都管理层针对"岗位分工"做了一系列的措施,分析这些举措体现了泰勒科学管理理论的哪些核心管理措施。

35. 结合麦都连锁烘焙品牌计划推出低糖无添加健康蛋糕的案例,运用考纲中 SWOT 分析法的相关知识,分析其面临的营销环境。

【管理学基础】第四、五、六章阶段测试卷

注意事项：

1. 本卷共90分，分为试卷和答题卡两部分，考生必须在答题卡上作答，作答在试卷上无效。

2. 作答前务必将自己的姓名和准考证号准确清晰地填写在试卷和答题卡的指定位置。

3. 考试结束时，须将试卷和答题卡一并交回。

一、单项选择题（本大题共12小题，每小题2分，共24分。在每小题列出的四个备选项中只有一个是符合题目要求的，请选出并将答题卡上对应的答案代码涂黑，错涂、多涂或未涂均不得分。）

1. 一个团队在执行项目时遇到了困难，团队成员士气低落。作为团队领导者，为改善团队状况首先应该考虑的要素是（　　）。
   A. 领导者自身的权威　　　　　B. 被领导者的能力和态度
   C. 团队成员的规模和组成　　　D. 情境中的任务结构和资源

2. 根据管理方格理论，某主管高度关注员工满意度但忽视任务进度，其领导风格属于（　　）。
   A. (9, 9)团队型　　　　　　　B. (9, 1)任务型
   C. (5, 5)中庸型　　　　　　　D. (1, 9)乡村俱乐部型

3. 费德勒的权变领导理论认为，领导效果取决于领导者风格与情境的有利性匹配。以下不是情境有利性维度的为（　　）。
   A. 任务结构　　　　　　　　　B. 职位权力
   C. 下属的成熟度　　　　　　　D. 领导者-成员关系

4. 某销售经理承诺，如果团队完成本季度销售目标，将带大家去海外旅游。根据期望理论，这一承诺主要影响（　　）。
   A. 效价　　　　　　　　　　　B. 期望值
   C. 激励力　　　　　　　　　　D. 目标难度

5. 班长发现研学计划微信群讨论混乱，立即改用"在线文档分工+线下会议确认"。这解决了（　　）。
   A. 信息过滤障碍　　　　　　　B. 信息过载障碍
   C. 知识差异障碍　　　　　　　D. 情绪干扰障碍

6. 某医院在手术室实施了实时监控系统，能够及时发现手术过程中的异常情况并立即采取措施。这主要体现的控制是（　　）。
   A. 前馈控制　　　　　　　　　B. 现场控制
   C. 反馈控制　　　　　　　　　D. 预防控制

7. 为了准确衡量员工的工作绩效，某公司制定了详细的KPI指标，包括销售额、客户满意度、工作效率等。这是控制过程中的（　　）。
   A. 确立标准　　　　　　　　　B. 衡量绩效
   C. 制订计划　　　　　　　　　D. 分析与纠偏

8. 一家餐饮连锁店在扩张过程中，追求服务而忽视了不同地区消费者口味的差异，导致多家新店业绩不佳。这主要违反了控制的（　　）。
   A. 例外原则　　　　　　　　　B. 有效标准原则
   C. 控制趋势原则　　　　　　　D. 控制关键点原则

9. 某农场利用气象预警系统在霜冻前自动启动防冻设备，保护农作物。这种控制方式的核心优势是（　　）。
   A. 降低纠偏成本　　　　　　　B. 预防潜在损失
   C. 减少人为干预　　　　　　　D. 彻底消除风险

10. 某工厂将月产量标准设定为"在现有设备条件下可达成的1.2万件"，而非"理想化的2万件"。这体现了控制标准的（　　）。
    A. 可行性　　　　　　　　　　B. 前瞻性
    C. 适用性　　　　　　　　　　D. 可操作性

11. 快递分拣中心因暴雨导致包裹积压，主管立即调派备用车辆并增派夜班人员。此举属于（　　）。
    A. 前馈控制　　　　　　　　　B. 现场控制
    C. 彻底纠偏措施　　　　　　　D. 应急纠偏措施

12. 某自行车厂将传统铝合金车架替换为碳纤维材料，使整车重量减轻30%。此创新属于（　　）。
    A. 结构创新　　　　　　　　　B. 整体创新
    C. 要素创新　　　　　　　　　D. 流程创新

二、判断选择题（本大题共12小题，每小题1分，共12分。判断下列各小题正误，正确的请将答题卡上对应题目的答案代码"A"涂黑，错误的请将答题卡上对应题目的答案代码"B"涂黑。未涂、错涂或多涂均不得分。）

13. 员工因钦佩领导者的专业能力而自愿追随，这种影响力源于参照权力。（　　）
    A. 正确　　　　　　　　　　　B. 错误

14. 根据双因素理论，提高工资只能消除不满，无法真正激励员工创新。（ ）
    A. 正确　　　　　　　　　　　　B. 错误

15. 公平理论认为，员工只需关注自身报酬绝对值，无须与他人比较。（ ）
    A. 正确　　　　　　　　　　　　B. 错误

16. 沟通中"信息过载"指信息发送者表达不清，需提升编码能力。（ ）
    A. 正确　　　　　　　　　　　　B. 错误

17. 直接控制原则强调管理者应直接参与控制活动，因此管理者应亲自执行所有的控制任务，不能委托给下属。（ ）
    A. 正确　　　　　　　　　　　　B. 错误

18. 在衡量实际工作绩效时，只能采用定量方法，不能采用定性方法。（ ）
    A. 正确　　　　　　　　　　　　B. 错误

19. 前馈控制是在工作活动正式开始前对工作中可能产生的偏差进行预测和估计，并采取防范措施，因此它比现场控制和反馈控制更有效。（ ）
    A. 正确　　　　　　　　　　　　B. 错误

20. 某餐厅将"菜品温度≥65℃"作为菜肴出品标准，因其可量化测量，符合有效标准要求。（ ）
    A. 正确　　　　　　　　　　　　B. 错误

21. 某教育机构在保留线下授课的前提下，引入线上直播作为补充教学方式。这种创新属于整体创新。（ ）
    A. 正确　　　　　　　　　　　　B. 错误

22. 某百年中药企业在保留古法炮制工艺的同时，引入AI技术优化生产流程，证明维持与创新可协同提升组织竞争力。（ ）
    A. 正确　　　　　　　　　　　　B. 错误

23. 电商平台每日统计用户投诉率，这属于定期衡量。（ ）
    A. 正确　　　　　　　　　　　　B. 错误

24. 软件公司针对用户反馈的系统漏洞，不仅修复问题还优化底层代码，这属于应急纠偏。（ ）
    A. 正确　　　　　　　　　　　　B. 错误

三、名词解释（本大题共2小题，每小题4分，共8分。）

25. 成熟度

26. 有效标准原则

四、简答题（本大题共2小题，每小题8分，共16分。）

27. 比较独裁型领导和民主型领导的特点，并分析它们在不同情境下的适用性。

28. 简述维持与创新的逻辑关系。

五、案例分析题(本大题共有两题,其中案例一为选择题,每小题3分,共15分;案例二为文字分析题,共15分。)

案例一 宏达公司的管理变革

宏达制造公司是一家拥有30年历史的办公家具制造企业。近年来,受市场竞争加剧和消费需求变化影响,公司销售额下滑,员工士气低迷。新任总经理李明上任后,推行了一系列管理变革措施:

人事调整:撤换绩效不佳的中层管理者,提拔技术骨干小王为生产部主管。李明常分享管理经验,小王表示:"李总让我学到很多,我愿全力跟随。"

生产改革:智能生产系统上线前,组织全员培训并制定操作手册。

激励机制:推行"基本工资+绩效奖金"制度,奖金与个人贡献、团队目标双挂钩,增设"月度之星"奖金。

质量控制:在各生产环节设置质检点;每月召开质量分析会,研讨上月问题。

沟通优化:建立周例会制度,推行"走动管理",李明常深入生产一线并且与员工交流。

根据本案例材料回答下列问题:

29. 根据小王的描述,李明主要体现的领导力是( )。

    A. 法定权力   B. 奖赏权力

    C. 参照权力   D. 专家权力

30. 李明"走动管理"的行为,在管理方格理论中最接近( )。

    A. (1,1)贫乏型   B. (9,1)任务型

    C. (9,9)团队型   D. (1,9)乡村俱乐部型

31. (多选)新绩效考核制度(奖金与个人贡献、团队目标双挂钩)综合运用的激励理论有( )。

    A. 期望理论   B. 公平理论

    C. 双因素理论   D. 需要层次理论

32. 每月质量分析会研讨上月问题,属于控制过程的( )。

    A. 确定标准   B. 衡量绩效

    C. 分析偏差   D. 采取纠偏措施

33. 智能生产系统上线前的培训和制定操作手册属于( )。

    A. 前馈控制   B. 现场控制

    C. 反馈控制   D. 并行控制

案例二 华兴科技的转型改革实践

华兴科技作为传统家电企业,在新任CEO张帆的引领下启动转型:废除原有的论资排辈晋升制度,推行"竞聘上岗"机制,允许员工自荐担任项目负责人;设立"金点子奖",对提出技术改进方案的员工给予股权激励;要求管理层每周参与跨部门研讨会,深入一线收集反馈后再行决策。

凭借在家电领域的深厚专业知识和丰富经验,张帆带领团队在产品方面实施了一系列创新举措。在产品端,保留了核心制冷技术,并将传统冰箱升级为具备食材识别和智能菜谱推荐功能的"智能食材管家";在渠道端,关闭了60%的线下门店,全面转型至直播电商,并与网红合作定制产品,积极开拓新市场。2024年,其智能家电系列的销量同比增长180%,直播渠道的销售额占比也从15%大幅提升至55%。

根据本案例材料回答下列问题:

34. 结合华兴科技的转型改革实践,分析张帆在领导过程中运用了哪些领导力,这些对华兴科技的转型有何作用?

35. 指出材料中两种创新类型(按创新程度分类),并说明判断依据。

【经济学基础】综合测试卷(一)

注意事项:

1. 本卷共60分,分为试卷和答题卡两部分,考生必须在答题卡上作答,作答在试卷上无效。
2. 作答前务必将自己的姓名和准考证号准确清晰地填写在试卷和答题卡的指定位置。
3. 考试结束时,须将试卷和答题卡一并交回。

一、单项选择题(本大题共8小题,每小题2分,共16分。在每小题列出的四个备选项中只有一个是符合题目要求的,请选出并将答题卡上对应的答案代码涂黑,错涂、多涂或未涂均不得分。)

1. 土地的供给曲线是一条( )。
   A. 向右上方倾斜的直线   B. 向右下方倾斜的直线
   C. 平行于横轴的直线   D. 垂直于横轴的直线

2. 若土豆市场出现供不应求,将导致其均衡价格( )。
   A. 不变   B. 上升
   C. 下降   D. 无法确定

3. 在生产的短期内,平均成本曲线、平均可变成本曲线和边际成本曲线都具有随着产量增加而呈现出形变化的特征。如果要求按照它们随着产量增加达到最低点的先后顺序对它们进行排列,则以下排列顺序中正确的是( )。
   A. 平均成本曲线,边际成本曲线,平均可变成本曲线
   B. 边际成本曲线,平均成本曲线,平均可变成本曲线
   C. 边际成本曲线,平均可变成本曲线,平均成本曲线
   D. 平均可变成本曲线,平均成本曲线,边际成本曲线

4. 关于经济学说的隐性成本,以下说法中错误的是( )。
   A. 是经济成本的一部分   B. 是会计成本
   C. 是会计账面无法体现的成本 D. 是机会成本

5. 以下关于完全竞争市场的特点,描述正确的是( )。
   A. 企业可自由进出市场   B. 市场中存在不完全信息
   C. 市场需求曲线向右上方倾斜 D. 每家企业的产品各不相同

6. 边际替代率递减保证了无差异曲线的特点是( )。

A. 无差异曲线有无数多条   B. 任意两条无差异曲线不相交
C. 无差异曲线向右下方倾斜   D. 无差异曲线凸向原点

7. 厂商之间关系最密切的市场是( )。
   A. 完全竞争市场   B. 垄断市场
   C. 寡头垄断市场   D. 垄断竞争市场

8. 当总效用增加时,边际效用应该( )。
   A. 为正值,且不断增加   B. 为正值,但不断减少
   C. 为负值,但不断增加   D. 为负值,且不断减少

二、判断选择题(本大题共8小题,每小题1分,共8分。判断下列各小题正误,正确的请将答题卡上对应题目的答案代码"A"涂黑,错误的请将答题卡上对应题目的答案代码"B"涂黑。未涂、错涂或多涂均不得分。)

9. 已知某种商品的需求是富有弹性的,在其他条件不变的情况下,卖者要想获得更多的收益,可以适当地降低价格。   (   )
   A. 正确   B. 错误

10. 完全竞争厂商是价格的接受者,所以他们商品的市场价格始终是固定不变的。
                                                                    (   )
    A. 正确   B. 错误

11. 如果在厂商的短期均衡产量时,MC 小于 AC,但大于 AVC,则厂商亏损,应立即停产。   (   )
    A. 正确   B. 错误

12. 消费者预期某种商品未来价格会上涨,则该商品本期需求会增加,需求曲线会向右移动。   (   )
    A. 正确   B. 错误

13. 当某种物品对某个消费者的边际效用为零时,该消费者就必定不会再想要消费更多的该物品。   (   )
    A. 正确   B. 错误

14. 在短期生产分析中,只要边际产量递减,平均产量就会递减。   (   )
    A. 正确   B. 错误

15. 基数效用论的分析方法包括边际效用分析方法和无差异曲线分析方法。 (   )
    A. 正确   B. 错误

16. 在垄断竞争市场上,厂商间存在激烈的竞争,因此他们都是市场价格的接受者。
                                                                    (   )
    A. 正确   B. 错误

— 1 —

三、名词解释(本大题共3小题,每小题4分,共12分。)

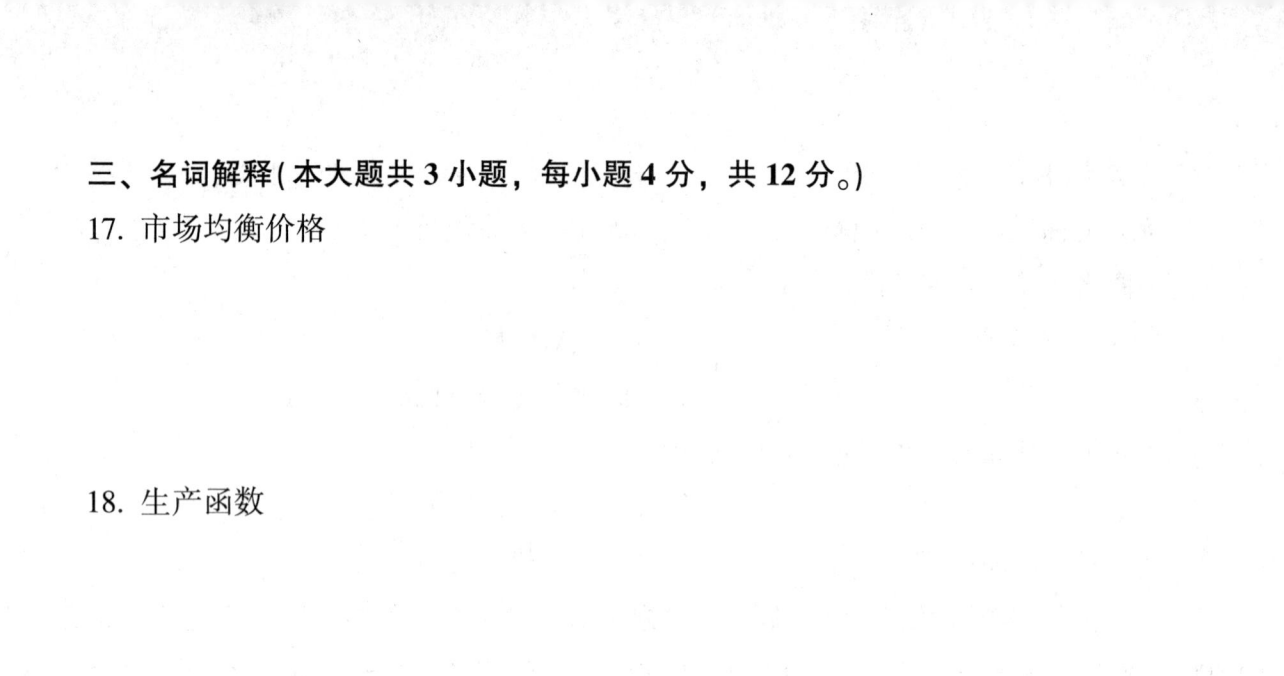

17. 市场均衡价格

18. 生产函数

19. 无差异曲线

四、简答题(本大题共3小题,每小题8分,共24分。)

20. 如何理解边际报酬递减规律?

21. 在我国,企业的法定形式有几种类型?

22. 简述垄断市场的特点。

【经济学基础】综合测试卷(二)

注意事项:

1. 本卷共60分,分为试卷和答题卡两部分,考生必须在答题卡上作答,作答在试卷上无效。

2. 作答前务必将自己的姓名和准考证号准确清晰地填写在试卷和答题卡的指定位置。

3. 考试结束时,须将试卷和答题卡一并交回。

一、单项选择题(本大题共8小题,每小题2分,共16分。在每小题列出的四个备选项中只有一个是符合题目要求的,请选出并将答题卡上对应的答案代码涂黑,错涂、多涂或未涂均不得分。)

1. 水稻市场严重歉收,会导致( )。
   A. 水稻供给减少,需求下降
   B. 水稻供给减少,需求量下降
   C. 水稻供给量减少,需求下降
   D. 水稻供给量减少,需求量下降

2. 某商品的需求函数为 $Q=1\,100-50P$,供给函数为 $Q=100+200P$,则该商品的均衡价格等于( )。
   A. 2
   B. 3
   C. 4
   D. 5

3. 某消费者逐渐增加某种商品的消费量,直至达到了效用最大化。在这个过程中,该商品的( )。
   A. 总效用和边际效用均不断增加
   B. 总效用不断下降,边际效用不断增加
   C. 总效用和边际效用同时下降
   D. 总效用不断增加,边际效用不断下降

4. 下列说法中错误的是( )。
   A. 在任何产量水平,AC都高于AVC
   B. 在任何产量水平,AVC都高于AFC
   C. AC可能大于也可能小于MC
   D. AC的最低点总是处于AVC最低点的右上方

5. 基数效用与序数效用的最主要差异在于两种商品的( )。
   A. 边际替代率是否递减
   B. 边际效用是否递减
   C. 效用是否能用数字量化并求和
   D. 边际替代率是否不变

6. 以下关于三级价格歧视的说法中不正确的是( )。
   A. 是最普遍的价格歧视
   B. 剥夺了全部的消费者剩余
   C. 对于需求价格弹性较大的消费者设定较低价格
   D. 是针对不同需求价格弹性的消费者实施差异化定价的策略

7. 以下关于短期成本的说法中正确的是( )。
   A. 厂房设备投资获得的利息是可变成本
   B. 购买原材料的支出是不变成本
   C. 机器设备的折旧费是不变成本
   D. 商标注册费是可变成本

8. 以下不属于垄断市场特点的是( )。
   A. 整个行业中只有少数厂商
   B. 其他企业进入极为困难或不可能
   C. 企业是价格的制定者
   D. 市场中的产品没有其他替代品

二、判断选择题(本大题共8小题,每小题1分,共8分。判断下列各小题正误,正确的请将答题卡上对应题目的答案代码"A"涂黑,错误的请将答题卡上对应题目的答案代码"B"涂黑。未涂、错涂或多涂均不得分。)

9. 生产的长期是指厂商可以根据他所要达到的产量来调整其全部生产要素的时期。 ( )
   A. 正确
   B. 错误

10. 需求规律表明,商品的需求量随着价格的上升而减少,随着价格的下降而增加。 ( )
    A. 正确
    B. 错误

11. 在完全竞争市场上,任何一个厂商都可以成为价格的决定者。 ( )
    A. 正确
    B. 错误

12. 某商品需求增加的同时供给减少,则该商品的均衡价格与均衡数量都将上升。 ( )
    A. 正确
    B. 错误

13. 无差异曲线是一条向右下方倾斜的直线时,表明两种商品是完全互补的。 ( )
    A. 正确
    B. 错误

14. 边际产量递减时,平均产量不可能递增。 ( )
    A. 正确
    B. 错误

15. 当消费某种物品的边际效用为负时,总效用达极大值。 ( )

A. 正确 B. 错误

16. 垄断竞争企业的平均收益曲线总是与其面临的需求曲线重合，且边际收益曲线始终位于平均收益曲线的下方。（　　）

A. 正确 B. 错误

三、名词解释(本大题共 3 小题，每小题 4 分，共 12 分。)

17. 隐性成本

18. 预算约束线

19. 供给规律

四、简答题(本大题共 3 小题，每小题 8 分，共 24 分。)

20. 根据基数效用理论，简述边际效用与总效用的关系。

21. 简述影响商品需求数量变动的因素。

22. 什么是价格歧视？价格歧视有几种情况？

【经济学基础】综合测试卷(三)

注意事项：

1. 本卷共60分，分为试卷和答题卡两部分，考生必须在答题卡上作答，作答在试卷上无效。

2. 作答前务必将自己的姓名和准考证号准确清晰地填写在试卷和答题卡的指定位置。

3. 考试结束时，须将试卷和答题卡一并交回。

一、单项选择题(本大题共8小题，每小题2分，共16分。在每小题列出的四个备选项中只有一个是符合题目要求的，请选出并将答题卡上对应的答案代码涂黑，错涂、多涂或未涂均不得分。)

1. 如果某商品价格下降10%，其需求量仅增加1%，则可认为该商品(　　)。
   A. 缺乏弹性　　　　　　　　B. 富有弹性
   C. 具有单位弹性　　　　　　D. 完全弹性

2. 青菜价格上涨，会导致白菜的(　　)。
   A. 供给曲线右移　　　　　　B. 供给曲线左移
   C. 需求曲线右移　　　　　　D. 需求曲线左移

3. 如果某商品的边际效用为零，这意味着这种商品的(　　)。
   A. 总效用降到最小　　　　　B. 总效用达到最大
   C. 总效用为零　　　　　　　D. 平均效用最小

4. 在短期生产分析中，当边际成本大于平均成本时，平均成本(　　)。
   A. 增加　　　　　　　　　　B. 减少
   C. 不变　　　　　　　　　　D. 达到最低点

5. 以下关于寡头垄断市场的特点的说法中不正确的是(　　)。
   A. 市场中厂商数量较少
   B. 其他企业进入市场存在比较大的障碍
   C. 市场中有很多的生产者和消费者
   D. 市场中厂商生产的产品可以同质也可以存在差别

6. 在短期生产分析中，下列说法中错误的是(　　)。
   A. 只要总产量减少，边际产量必为负数
   B. 边际产量减少，总产量不一定减少
   C. 平均产量最高时与边际产量相等
   D. 边际产量减少，平均产量也一定减少

7. 无差异曲线上任一点斜率的绝对值代表了(　　)。
   A. 消费者为了提高效用而获得另一商品时愿意放弃的某一商品数量
   B. 在确保效用不变的情况下，两种商品之间的替代比率
   C. 两种商品的价格比率
   D. 消费者花费在各种商品上的货币总值

8. 对于一个完全竞争企业来说，它的平均收益曲线(　　)。
   A. 和企业的需求曲线相同，且边际收益曲线在企业的需求曲线之下
   B. 在企业的需求曲线之上，且边际收益曲线在企业的需求曲线之下
   C. 和边际收益曲线、企业的需求曲线都相同
   D. 在企业的需求曲线之上，且边际收益曲线和企业的需求曲线相同

二、判断选择题(本大题共8小题，每小题1分，共8分。判断下列各小题正误，正确的请将答题卡上对应题目的答案代码"A"涂黑，错误的请将答题卡上对应题目的答案代码"B"涂黑。未涂、错涂或多涂均不得分。)

9. 供给的增加将引起均衡价格的上升和均衡数量的减少。　　　　　　　　　　(　　)
   A. 正确　　　　　　　　　　B. 错误

10. 垄断企业出现亏损是不可能的。　　　　　　　　　　　　　　　　　　　(　　)
    A. 正确　　　　　　　　　　B. 错误

11. 消费者对某种商品偏好的改变，将导致该商品的需求量的变动。　　　　　(　　)
    A. 正确　　　　　　　　　　B. 错误

12. 边际报酬递减规律是指在技术水平保持不变的条件下，随着可变要素投入的逐渐增加，这种要素所带来的边际产量递减。　　　　　　　　　　　　　　　　(　　)
    A. 正确　　　　　　　　　　B. 错误

13. 在完全竞争市场上，任何一个生产者或消费者都是市场价格的接受者。　　(　　)
    A. 正确　　　　　　　　　　B. 错误

14. 有选择就有成本，即会计成本。　　　　　　　　　　　　　　　　　　　(　　)
    A. 正确　　　　　　　　　　B. 错误

15. 短期内，边际成本曲线与平均成本曲线相交于平均成本曲线的最低点。　　(　　)
    A. 正确　　　　　　　　　　B. 错误

16. 边际效用递减是指随着消费者对某一产品消费的增加，其所得到的总效用会递减。
    　　　　　　　　　　　　　　　　　　　　　　　　　　　　　　　　　(　　)
    A. 正确　　　　　　　　　　B. 错误

三、名词解释(本大题共3小题,每小题4分,共12分。)

17. 机会成本

18. 效用

19. 合伙制企业

四、简答题(本大题共3小题,每小题8分,共24分。)

20. 什么是边际替代率？边际替代率为什么呈现递减趋势？

21. 简述无差异曲线的特点。

22. 简述均衡价格与均衡数量的决定。

【管理学基础】综合测试卷(一)

注意事项：

1. 本卷共 90 分，分为试卷和答题卡两部分，考生必须在答题卡上作答，作答在试卷上无效。
2. 作答前务必将自己的姓名和准考证号准确清晰地填写在试卷和答题卡的指定位置。
3. 考试结束时，须将试卷和答题卡一并交回。

一、**单项选择题**(本大题共 12 小题，每小题 1 分，共 12 分。在每小题列出的四个备选项中只有一个是符合题目要求的，请选出并将答题卡上对应的答案代码涂黑，错涂、多涂或未涂均不得分。)

1. 以下选项中不属于管理基本特征的是(　　)。
   A. 管理具有目的性　　　　　　　B. 管理仅依赖于直觉
   C. 管理是一个动态的过程　　　　D. 管理具有科学性和艺术性
2. 泰勒的科学管理理论关注的核心问题是(　　)。
   A. 如何使他人跟随　　　　　　　B. 如何满足人的需要
   C. 如何使组织运转顺畅　　　　　D. 如何提高劳动生产率
3. 目标管理的特征是(　　)。
   A. 强调上级监督　　　　　　　　B. 促使权力集中
   C. 注重绩效反馈　　　　　　　　D. 注重长期目标
4. 在 SWOT 分析中，WT 战略指的是(　　)。
   A. 发挥优势，把握机会　　　　　B. 克服劣势，利用机会
   C. 发挥优势，消除威胁　　　　　D. 克服劣势，规避威胁
5. 某广告公司业务包括广告策划、制作和发行，需创意、文案、导演等多专业合作，适合的组织结构是(　　)。
   A. 直线制　　B. 职能制　　C. 矩阵制　　D. 事业部制
6. 某企业随着经营范围扩大，总经理直辖的营销队伍从 3 人增至 100 人，营销队伍松散，原因可能是(　　)。
   A. 营销人员太多，鱼龙混杂　　　B. 总经理投入管理时间不够
   C. 总经理管理幅度太宽　　　　　D. 营销队伍管理层次太多
7. 某公司的一位年轻人工作非常突出，同时也取得了高于行业平均水平的薪资，但他仍未感到满意。下列可以解释这种现象的激励理论是(　　)。
   A. 期望理论　　B. 公平理论　　C. 强化理论　　D. 需要层次理论
8. 赫茨伯格指出，公司的政策、管理和监管、人际关系、工作条件等因素，是与人们不满情绪相关的因素，被称为(　　)。
   A. 激励因素　　B. 领导因素　　C. 协调因素　　D. 保健因素
9. 天气预报预计下周将有大雪，工厂提前给供应商报货，备足物料，防止因道路不畅出现断货停产现象，这是生产控制中的(　　)。
   A. 前馈控制　　B. 同期控制　　C. 反馈控制　　D. 过程控制
10. 某连锁超市发现部分门店生鲜损耗率异常升高，立即派驻督导员驻店调研损耗原因并调整保鲜流程。这一举措属于控制过程中的(　　)。
    A. 确立标准　　B. 衡量绩效　　C. 纠正偏差　　D. 制订计划
11. 从创新程度来看，管理创新可以分为(　　)。
    A. 自主创新与模仿创新　　　　　B. 技术创新与制度创新
    C. 局部创新与整体创新　　　　　D. 渐进式创新与突破式创新
12. 下列属于有组织创新的是(　　)。
    A. 偶然发现的技术突破　　　　　B. 企业高层主导的战略变革
    C. 员工自发提出的流程优化　　　D. 市场变化引发的被动调整

二、**判断选择题**(本大题共 12 小题，每小题 1 分，共 12 分。判断下列各小题正误，正确的请将答题卡上对应题目的答案代码"A"涂黑，错误的请将答题卡上对应题目的答案代码"B"涂黑。未涂、错涂或多涂均不得分。)

13. "管理就是通过他人完成任务"体现了管理的本质是协调而非亲力亲为。(　　)
    A. 正确　　　　　　　　　　　　B. 错误
14. 科层管理理论中的"14 条管理原则"包括分工、权力与责任、纪律、统一指挥等。
    (　　)
    A. 正确　　　　　　　　　　　　B. 错误
15. 计划工作是渗透到组织各种活动中的普遍性管理工作。(　　)
    A. 正确　　　　　　　　　　　　B. 错误
16. 波特五力模型包括现有竞争者、潜在进入者、替代品、中间商和购买者五力。
    (　　)
    A. 正确　　　　　　　　　　　　B. 错误
17. 管理幅度越大，管理层级越多，组织结构越扁平。(　　)
    A. 正确　　　　　　　　　　　　B. 错误
18. 直线制组织结构适用于生产单一产品、工艺简单、规模较小的企业。(　　)

A. 正确　　　　　　　　　　　　B. 错误

19. 某餐饮连锁为控制成本，将中央厨房决策权全部收归总部，各门店仅负责按标准化流程制作餐品。这种集权化调整必然提高效益。（　　）
   A. 正确　　　　　　　　　　　　B. 错误

20. 独裁领导风格通常导致更高的员工满意度和更低的离职率。（　　）
   A. 正确　　　　　　　　　　　　B. 错误

21. 在管理方格理论中，(1，1)型领导方式对人和生产都不关心。（　　）
   A. 正确　　　　　　　　　　　　B. 错误

22. 间接控制指的是在管理控制活动中，用过去的情况来指导现在和将来。（　　）
   A. 正确　　　　　　　　　　　　B. 错误

23. 控制工作的首要环节是纠正偏差。（　　）
   A. 正确　　　　　　　　　　　　B. 错误

24. 创新是为了实现维持的成果，是为更高层次的维持提供依据和框架。（　　）
   A. 正确　　　　　　　　　　　　B. 错误

三、名词解释（本大题共 2 小题，每小题 6 分，共 12 分。）

25. 组织设计

26. 有效沟通

四、简答题（本大题共 2 小题，每小题 12 分，共 24 分。）

27. 简述计划在管理职能中的作用。

28. 简述俄亥俄州立大学领导行为理论的核心观点。

五、案例分析题（本大题共有两题，其中案例一为单选题，每小题 3 分，共 15 分；案例二为文字分析题，共 15 分。）

案例一　泡泡玛特的出海战略

2025 年潮玩品牌泡泡玛特（POPMART）凭借盲盒经济和 IP 运营优势，计划加速海外市场扩张。在东南亚市场调研中，团队发现印尼、泰国等国的 Z 世代消费群体对潮玩接受度较高，但当地供应链效率低下、文化差异显著。为解决这一问题，泡泡玛特决定成立东南亚事业部，并推行三项关键举措：引入工业工程团队，优化生产线标准化流程；采用"总部战略管控+区域自主运营"的管理模式；建立跨部门协作的海外项目组，协调产品设计、供应链

— 2 —

和营销团队。

然而,扩张过程中出现了新挑战:事业部管理层级过多导致决策滞后,部分门店因本地化运营不足引发库存积压。泡泡玛特管理层需基于管理理论与决策工具,进一步调整策略。

根据本案例材料回答下列问题:

29. 泡泡玛特引入工业工程团队,通过动作研究和时间研究优化生产线,这一举措体现了古典管理理论中的(　　)。

　　A. 泰勒科学管理理论　　　　B. 法约尔一般管理理论
　　C. 韦伯科层组织理论　　　　D. 梅奥人际关系理论

30. 在东南亚市场调研中,泡泡玛特发现当地"潮玩文化渗透率提升""年轻消费群体购买力增长",这些因素属于PEST分析法中的(　　)。

　　A. 政治因素　　B. 经济因素　　C. 社会因素　　D. 技术因素

31. 泡泡玛特在SWOT分析法中,将"IP储备丰富""供应链本土化不足"分别归类为(　　)。

　　A. S、W　　　B. S、T　　　C. O、W　　　D. O、T

32. 泡泡玛特成立东南亚事业部,采用"总部战略管控+区域自主运营"的模式,这属于(　　)。

　　A. 直线制组织结构　　　　B. 职能制组织结构
　　C. 矩阵制组织结构　　　　D. 事业部制组织结构

33. 泡泡玛特东南亚事业部初期设置"总部-区域总监-国家经理-城市店长"四级架构,由总部发布大小决策,导致决策周期长达2周。这一现象反映了(　　)。

　　A. 管理幅度过大,需缩减管理层级
　　B. 管理幅度过小,需扩大管理层级
　　C. 集权化过高,需下放决策权
　　D. 分权化过度,需强化总部控制

案例二　喜茶(HEYTEA)的管理重构与领导转型

2023年,新茶饮品牌喜茶在全球门店突破8 000家后,面临管理效率与创新活力的双重挑战。早期采用的"总部垂直管控"模式暴露出显著弊端:新品研发需经"市场调研→产品中心→供应链→区域运营"四层审批,上海区域团队提出的"节气限定茶饮"方案因层级审批延迟3个月,错失营销节点;总部高层直接管理全国7大区域,每位高管平均管控超过20个城市的供应链调度,部分城市出现了芝士奶盖原料过期与缺货并存的矛盾。

为解决这些问题,创始人聂云宸从"独裁者"转型为"赋能型领导"。建立"区域创新委员会",允许门店员工直接提交创意,广州店员提出的"竹蔗茅根椰椰"经试销后成为华南区爆款;在新品定价中引入员工代表参与机制,总部设定成本基准,区域团队可根据本地消费能力浮动15%;推行"试错包容"文化,杭州团队试推"芥末芝士茶"失败后,聂云宸组织复盘会并将经验纳入总部知识库。

根据本案例材料回答下列问题:

34. 根据管理层级与管理幅度理论,分析喜茶早期管理模式的问题。

35. 结合领导理论的相关内容,分析喜茶创始人聂云宸从"独裁者"转型为"赋能型领导"的具体措施及理论依据。(从"独裁与民主""管理方格理论""领导权力来源"三个方面任选两个点作答)

【管理学基础】综合测试卷（二）

注意事项：

1. 本卷共90分，分为试卷和答题卡两部分，考生必须在答题卡上作答，作答在试卷上无效。
2. 作答前务必将自己的姓名和准考证号准确清晰地填写在试卷和答题卡的指定位置。
3. 考试结束时，须将试卷和答题卡一并交回。

一、单项选择题（本大题共12小题，每小题1分，共12分。在每小题列出的四个备选项中只有一个是符合题目要求的，请选出并将答题卡上对应的答案代码涂黑，错涂、多涂或未涂均不得分。）

1. 以下关于管理基本原理的说法中错误的是（　　）。
   A. 系统原理强调整体性和系统性
   B. 本原理认为员工是组织最宝贵的资源
   C. 系统原理强调要将组织视为一个整体系统来考虑
   D. 效益原理提倡在管理中只注重经济效益，忽视社会效益

2. 提出管理与经营是不同概念的代表人物是（　　）。
   A. 西蒙　　　B. 泰勒　　　C. 韦伯　　　D. 法约尔

3. 某企业打算生产某产品，据市场预测，该产品的销路有销路好、销路一般和销路差三种情况，生产该产品有改进生产线、新建生产线、与其他企业协作三种方案，这种决策属于（　　）。
   A. 确定型决策　　　　　　B. 风险型决策
   C. 程序化决策　　　　　　D. 不确定型决策

4. 名词意义上的"计划"是指（　　）。
   A. 计划工作　　B. 计划方案　　C. 计划过程　　D. 计划目标

5. 非正式组织对组织的正面作用不包括（　　）。
   A. 促进组织变革　　　　　B. 增强组织凝聚力
   C. 满足成员社交需求　　　D. 辅助正式组织目标实现

6. 直线制组织结构的缺点是（　　）。
   A. 结构复杂　　　　　　　B. 权力过于分散
   C. 缺乏专业化分工　　　　D. 不利于快速决策

7. 事业部制组织结构的缺点不包括（　　）。
   A. 协调难度大　　　　　　B. 管理成本高
   C. 权力过于集中　　　　　D. 容易滋生本位主义

8. 某科技公司CEO在年度战略会上未用PPT，而是讲述自己创业时熬夜调试代码的经历，会后团队主动加班优化产品。这体现了领导权力中的（　　）。
   A. 法定性权力　B. 奖赏性权力　C. 参照性权力　D. 专家性权力

9. 某互联网公司推行"弹性工作制"后，员工小李因可自由安排时间而主动承担额外项目。他相信这种额外努力能提升绩效，进而获得年底的绩效奖金。体现的激励理论是（　　）。
   A. 公平理论　B. 强化理论　C. 期望理论　D. 双因素理论

10. 某车企为工程师增设"专利署名权"和"技术研讨会参与权"，半年后专利申请量增长40%。这体现了双因素理论中的（　　）。
    A. 保健因素　B. 激励因素　C. 公平因素　D. 强化因素

11. 在工作开始之前进行的、以防止问题的发生属于（　　）。
    A. 反馈控制　B. 现场控制　C. 前馈控制　D. 同期控制

12. 某科技公司为突破传统研发模式，设立"创新实验室"，允许员工每周用20%的工作时间自主开展非本职创新项目，且成果可申请公司资源转化。这种管理创新属于（　　）。
    A. 渐进式创新　B. 自发式创新　C. 激进式创新　D. 有组织创新

二、判断选择题（本大题共12小题，每小题1分，共12分。判断下列各小题正误，正确的请将答题卡上对应题目的答案代码"A"涂黑，错误的请将答题卡上对应题目的答案代码"B"涂黑。未涂、错涂或多涂均不得分。）

13. 差别计件工资制的目的是惩罚低效员工而非激励高效。（　　）
    A. 正确　　　　　　　　　B. 错误

14. 管理的科学性体现在遵循一定的客观规律和方法，艺术性则体现在需要根据具体情况进行灵活的运用和创新。（　　）
    A. 正确　　　　　　　　　B. 错误

15. 在目标管理中，目标的制定是由上级管理者独自完成的。（　　）
    A. 正确　　　　　　　　　B. 错误

16. 程序化决策是针对例行问题的决策，非程序化决策是针对例外问题的决策。（　　）
    A. 正确　　　　　　　　　B. 错误

17. 直线制组织结构的专业化水平低且对管理人员的要求不高。（　　）
    A. 正确　　　　　　　　　B. 错误

18. 组织文化一旦形成，就不再发生变化。（　　）

A. 正确　　　　　　　　　　　　　B. 错误

19. 领导行为或过程包含领导者、被领导者(追随者)和组织结构。（　）
    A. 正确　　　　　　　　　　　　　B. 错误

20. 情境领导理论的核心观点是：没有一种"最好"的领导风格，有效的领导者必须根据下属的准备度或成熟度来调整其领导行为的风格。（　）
    A. 正确　　　　　　　　　　　　　B. 错误

21. 马斯洛需要层次理论中最基本的需要是生理需要。（　）
    A. 正确　　　　　　　　　　　　　B. 错误

22. 在赫茨伯格的双因素理论中，工作成就感属于激励因素。（　）
    A. 正确　　　　　　　　　　　　　B. 错误

23. 反馈控制最大的缺点是，在管理者实施纠偏措施之前，偏差已经产生，损失已经造成，对工作没有任何意义。（　）
    A. 正确　　　　　　　　　　　　　B. 错误

24. 在目标管理中，管理者只需关注最终绩效结果，无须干预下属的执行过程。（　）
    A. 正确　　　　　　　　　　　　　B. 错误

三、名词解释(本大题共 2 小题，每小题 6 分，共 12 分。)

25. 目标管理

26. 强化

四、简答题(本大题共 2 小题，每小题 12 分，共 24 分。)

27. 简述法约尔的一般管理理论。

28. 组织设计的主要内容有哪些？

五、案例分析题(本大题共有两题，其中案例一为单选题，每小题 3 分，共 15 分；案例二为文字分析题，共 15 分。)

案例一　张裕葡萄酒

晚清实业家张弼士创办的张裕葡萄酒公司，是中国近代民族工业的典范。1892 年他在山东烟台建厂时，针对葡萄酒酿造工艺复杂的问题，引入法国酿酒师团队，将酿造流程分解为葡萄采摘、榨汁、发酵、陈酿等 12 个标准化环节，要求中国工人严格按法国工艺手册操作。随着企业扩张，他在上海、广州等地设立分公司，实行"总公司统筹战略—分公司自主运营"的管理模式，各分公司设专职经理负责区域销售，同时向总公司财务部门定期报备资

— 2 —

金流向。

在人才培养上，张弼士对新学徒采取"师带徒+理论课"模式，前三年跟随法国酿酒师实操，第四年学习《葡萄栽培学》等理论课程；对资深酿酒师，则允许其自主调整部分发酵工艺参数。他常以"实业兴邦"理念激励团队，同时凭借自己对中外贸易的精通，亲自制定关税规避策略。为把控酒质，张弼士每月抽查各分公司库存酒样，对比品鉴记录与销售反馈，将口感偏差案例汇编成《酿酒工艺改良手册》。

根据本案例材料回答下列问题：

29. 张弼士将酿造流程分解为12个标准化环节，要求工人按工艺手册操作，这一做法最符合（   ）。

    A. 泰勒的科学管理理论　　　　B. 法约尔的一般管理理论
    C. 韦伯的科层组织理论　　　　D. 德鲁克的目标管理理论

30. 张裕公司"总公司—分公司"的管理模式中，分公司自主运营但需报备财务，这种组织结构属于（   ）。

    A. 直线制　　B. 事业部制　　C. 直线职能制　　D. 矩阵制

31. 张弼士对新学徒采用"师带徒+理论课"培养，对资深酿酒师允许自主调整工艺，最符合的领导理论是（   ）。

    A. 费德勒的权变领导理论　　　B. 情境领导模型
    C. 管理方格理论　　　　　　　D. 独裁-民主领导理论

32. （多选）张弼士的权力来源包括（   ）。

    A. 法定权力（总公司创始人身份）
    B. 专家权力（中外贸易知识）
    C. 参照权力（"实业兴邦"价值观）
    D. 强制权力（对分公司的财务管控）

33. 张弼士通过抽查酒样、汇编改良手册来优化工艺，这种控制方式属于（   ）。

    A. 前馈控制　　B. 现场控制　　C. 反馈控制　　D. 同期控制

案例二　理想新能源汽车公司的市场抉择

理想新能源汽车公司在2025年面临市场扩张决策。管理层通过调研发现：消费者对续航的需求日益增加，全球新能源汽车市场年增长率达22%，中国"双碳"政策持续加码，锂电池技术成本下降15%，但欧美市场对中国车企设置贸易壁垒。公司技术团队突破固态电池研发"瓶颈"，相比传统锂电池能量密度提升3倍，但量产需投入20亿元生产线改造。同时，竞争对手蔚来、小鹏已布局换电网络，而理想原有增程式技术路线面临续航焦虑争议。

管理层召开战略会议，提出两套方案：

方案一：聚焦国内市场，利用政策红利扩大增程式车型产能，同步投入5亿元研发固态电池试点线；

方案二：激进扩张欧美市场，收购德国老牌车企工厂，以固态电池技术为卖点，但需承担贸易摩擦风险。

最终，公司选择方案一，同时建立"创新孵化小组"，允许技术骨干每周用20%的工作时间探索氢能源技术方向。

根据本案例材料回答下列问题：

34. 利用PEST分析法分析理想新能源汽车在决策中所面临的环境。

35. 案例中理想新能源汽车的创新举措体现了管理创新的哪些类型？请从创新程度、组织化程度两个维度分析。

— 3 —

【管理学基础】综合测试卷(三)

注意事项：

1. 本卷共90分，分为试卷和答题卡两部分，考生必须在答题卡上作答，作答在试卷上无效。
2. 作答前务必将自己的姓名和准考证号准确清晰地填写在试卷和答题卡的指定位置。
3. 考试结束时，须将试卷和答题卡一并交回。

一、单项选择题（本大题共12小题，每小题1分，共12分。在每小题列出的四个备选项中只有一个是符合题目要求的，请选出并将答题卡上对应的答案代码涂黑，错涂、多涂或未涂均不得分。）

1. 管理理论应用于管理活动，指导管理活动，这体现了管理的(　　)。
   A. 科学性　　B. 综合性　　C. 一般性　　D. 艺术性
2. "管理活动必须坚持遵循客观规律"最能体现管理的(　　)。
   A. 系统原理　　B. 人本原理　　C. 责任原理　　D. 适度原理
3. 某企业制订了未来5年的市场扩张计划，这种计划属于(　　)。
   A. 短期计划　　B. 中期计划　　C. 长期计划　　D. 作业计划
4. 目标管理的核心是(　　)。
   A. 自我控制　　B. 上级控制　　C. 成果评价　　D. 过程监控
5. 组织文化的核心是(　　)。
   A. 组织形象　　B. 组织制度　　C. 组织行为　　D. 组织价值观
6. 某大型企业集团计划调整组织结构，以适应其多元化的业务发展需求，以下最可能被采用的结构形式是(　　)。
   A. 直线制　　B. 矩阵制　　C. 事业部制　　D. 直线职能制
7. 某连锁超市为提升区域响应速度，将华东区拆分为上海、浙江、江苏三个独立运营单元，各单元被赋予商品品类调整和定价策略的完全决策权；但重大促销活动需总部审批。该调整体现了组织设计的(　　)。
   A. 目标一致原则　　B. 柔性经济原则
   C. 权责对等原则　　D. 有效管理幅度原则
8. 费德勒的权变领导理论认为，领导效果取决于(　　)。
   A. 领导者性格、被领导者性格、任务结构
   B. 领导者-成员关系、任务结构、职位权力
   C. 领导者风格、组织文化、外部环境
   D. 领导者能力、被领导者能力、组织结构
9. 公平理论主要关注的是(　　)。
   A. 员工对工作本身的满意度
   B. 员工对报酬的绝对量是否满意
   C. 员工对报酬的相对量是否感到公平
   D. 员工对工作环境的安全性是否满意
10. 在情境领导模型中，领导风格的选择主要依据是(　　)。
    A. 下属的成熟度　　B. 任务的难易程度
    C. 组织的规模和结构　　D. 领导者的个人魅力
11. 沟通类型中的言语沟通常包括(　　)。
    A. 口头沟通和书面沟通　　B. 肢体语言和面部表情
    C. 眼神交流和空间距离　　D. 语调和声音的抑扬顿挫
12. 在企业管理中，下列体现管理创新内涵的措施是(　　)。
    A. 定期组织员工进行团队建设活动
    B. 沿用传统的生产流程以保证稳定性
    C. 引入人工智能系统优化供应链管理
    D. 按照过往经验制定下一季度的销售策略

二、判断选择题（本大题共12小题，每小题1分，共12分。判断下列各小题正误，正确的请将答题卡上对应题目的答案代码"A"涂黑，错误的请将答题卡上对应题目的答案代码"B"涂黑。未涂、错涂或多涂均不得分。）

13. 重新制定员工绩效考核制度属于决策职能。　　(　　)
    A. 正确　　B. 错误
14. 管理活动是对人和人的行为的协调，所以管理活动仅与人的因素有关。　　(　　)
    A. 正确　　B. 错误
15. 风险型决策与不确定型决策的区别主要在于风险型决策面临的是多种可能自然状态，不确定型决策面临的是无法预知的自然状态。　　(　　)
    A. 正确　　B. 错误
16. 组织设计的实质是对管理人员的管理活动进行横向和纵向的分工。　　(　　)
    A. 正确　　B. 错误
17. 在事业部制组织结构中，各事业部独立核算，自负盈亏，有利于调动积极性。　　(　　)

— 1 —

A. 正确　　　　　　　　　　　　　　B. 错误

18. 矩阵制组织结构中的成员由原职能部门直接领导。（　　）
    A. 正确　　　　　　　　　　　　　　B. 错误

19. 某企业在进行组织设计时，充分考虑了环境因素的影响，这表明该组织遵循了柔性经济原则。（　　）
    A. 正确　　　　　　　　　　　　　　B. 错误

20. 费德勒的权变领导理论强调领导风格是可以改变的。（　　）
    A. 正确　　　　　　　　　　　　　　B. 错误

21. 双因素理论中的保健因素能够直接激励员工。（　　）
    A. 正确　　　　　　　　　　　　　　B. 错误

22. 期望理论认为，效价决定激励力。（　　）
    A. 正确　　　　　　　　　　　　　　B. 错误

23. 激进式创新是指逐步改进的、持续性的变革。（　　）
    A. 正确　　　　　　　　　　　　　　B. 错误

24. 管理创新的目的是打破现有秩序，而非优化效率。（　　）
    A. 正确　　　　　　　　　　　　　　B. 错误

三、名词解释（本大题共 2 小题，每小题 6 分，共 12 分。）

25. 期望理论

26. 统计计算法

四、简答题（本大题共 2 小题，每小题 12 分，共 24 分。）

27. 简述决策的制定过程。

28. 简述费德勒的权变领导理论的核心观点。

五、案例分析题(本大题共有两题,其中案例一为单选题,每小题3分,共15分;案例二为文字分析题,共15分。)

案例一 星辰科技的AI芯片突围战

星辰科技是一家专注于人工智能芯片研发的科技企业。2025年公司面临关键战略抉择:在全球AI芯片市场年增长率达30%的背景下,中国"东数西算"工程催生海量算力需求,但美国对高端芯片技术实施出口管制。管理层提出两套方案:

方案一:聚焦国内"东数西算"市场,利用政策补贴扩大7 nm芯片产能,同时投入3亿元与中国科学院合作研发5 nm芯片;

方案二:收购新加坡芯片封装厂,构建"设计–封装"一体化链条,但需承担国际物流成本上升风险。

最终,公司选择方案一,并调整组织结构:组建"5 nm芯片专项组""算力优化项目组"横向项目团队,专项组成员由各职能部门骨干抽调组成。同时升级研发中心办公环境,配置恒温无尘实验室与24小时咖啡吧。设立"技术突破勋章",对主导5 nm芯片关键技术攻关的团队授予定制奖章,并在公司官网公示;支持资深工程师自主选择研发方向,带领组员每周1天时间探索量子计算芯片方向。

根据本案例材料回答下列问题:

29. "中国'东数西算'工程催生海量算力需求"属于PEST分析法中的(　　)。
 A. 技术环境　　　　　　　B. 经济环境
 C. 社会与文化环境　　　　D. 政治与法律环境

30. "5 nm芯片专项组"横向项目团队,这种组织结构属于(　　)。
 A. 直线制　　B. 事业部制　　C. 直线职能制　　D. 矩阵制

31. 星辰科技各部门总监直接向CEO汇报,这种管理幅度设计的主要影响因素是(　　)。
 A. 工作能力　　B. 工作条件　　C. 成员差异性　　D. 工作内容和性质

32. (多选)星辰科技的激励措施中,属于双因素理论中"激励因素"的是(　　)。
 A. 升级恒温无尘实验室　　　B. 24小时咖啡吧
 C. 授予"技术突破勋章"　　　D. 允许自主组建研发团队

33. 星辰科技支持工程师带领组员探索量子计算芯片,这种创新属于(　　)。
 A. 渐进性创新(创新程度)　　B. 被动式变革(变革方式)
 C. 突破性创新(创新程度)　　D. 无组织创新(组织化程度)

案例二 绿能科技的电池研发

绿能科技为提升电动汽车电池研发效率,将生产流程分解为正极材料制备、负极涂布、电芯装配等8个标准化环节,编写《锂电池工艺手册》,规定每个环节的操作标准与时间定额。公司设立"工艺优化组"由专职组长带领分析员分析操作数据,根据测试结果调整标准;对新入职工程师实施"3个月标准化操作培训",考核通过后方可上岗。

质量控制方面,每月随机抽取10%的成品电池进行循环充放电测试,对比国标GB/T31484—2015标准,将不合格案例汇编成《质量改进指南》,作为修订工艺标准的依据。新产线投产前,投入500万元建立模拟环境实验室,通过科学测算提前优化极端温度下的工艺参数。

根据本案例材料回答下列问题:

34. 案例中绿能科技的哪些做法体现了泰勒科学管理理论的哪些观点?请结合理论逐一说明。

35. 案例中绿能科技采取的质量控制措施分别属于哪种控制类型?请逐一说明其判断依据。

经济与管理基础模拟试卷(一)

注意事项:

1. 本卷共150分,分为试卷和答题卡两部分,考生必须在答题卡上作答,作答在试卷上无效。

2. 作答前务必将自己的姓名和准考证号准确清晰地填写在试卷和答题卡的指定位置。

3. 考试结束时,须将试卷和答题卡一并交回。

一、单项选择题(本大题共20小题,每小题2分,共40分。其中1~8小题为经济学试题,9~20小题为管理学试题。在每小题列出的四个备选项中只有一个是符合题目要求的,请选出并将答题卡上对应的答案代码涂黑,错涂、多涂或未涂均不得分。)

1. 需求规律表明(　　)。
   A. 价格上升,需求量增加　　　　B. 价格下降,需求量减少
   C. 价格上升,需求量减少　　　　D. 收入增加,需求量不变

2. 商品 x 和商品 y 是相互替代的,则 x 的价格上升将导致(　　)。
   A. x 的需求曲线向右移动　　　　B. x 的需求曲线向左移动
   C. y 的需求曲线向右移动　　　　D. y 的需求曲线向左移动

3. 若西红柿市场出现供不应求,将导致其均衡价格(　　)。
   A. 不变　　　　　　　　　　　　B. 上升
   C. 下降　　　　　　　　　　　　D. 不确定

4. 边际效用递减规律说明(　　)。
   A. 消费者总效用持续增加
   B. 消费者从每增加一单位商品所获得的效用增加量逐渐降低
   C. 商品价格随消费量下降
   D. 消费者偏好不变

5. 当一个行业由自由竞争演变成垄断行业时,则(　　)。
   A. 垄断市场的价格高于自由竞争市场的价格,市场交易量增加
   B. 垄断市场的价格低于自由竞争市场的价格,市场交易量增加
   C. 垄断市场的价格高于自由竞争市场的价格,市场交易量减少
   D. 垄断市场的价格低于自由竞争市场的价格,市场交易量减少

6. 在短期生产中,边际产量曲线与平均产量曲线相交于(　　)。
   A. 平均产量最高点　　　　　　　B. 边际产量最高点
   C. 总产量最高点　　　　　　　　D. 平均成本最低点

7. 隐性成本是指(　　)。
   A. 会计账簿记录的成本　　　　　B. 企业自有资源的机会成本
   C. 固定成本　　　　　　　　　　D. 可变成本

8. 寡头市场的典型特征是(　　)。
   A. 企业数量众多　　　　　　　　B. 产品同质化
   C. 企业间策略相互依赖　　　　　D. 自由进出市场

9. 管理的核心是(　　)。
   A. 计划　　　　　　　　　　　　B. 控制
   C. 协调资源以实现目标　　　　　D. 决策

10. 飞利浦公司为了了解其资助中国甲足联赛的效果,每年委托国内六所大学在不同的城市同时进行46次抽样调查,这体现了管理的(　　)。
    A. 科学性　　　　　　　　　　　B. 艺术性
    C. 客观性　　　　　　　　　　　D. 数据性

11. PEST分析法用于分析(　　)。
    A. 企业具体环境　　　　　　　　B. 一般环境
    C. 内部环境　　　　　　　　　　D. 竞争环境

12. 事业部制组织结构的缺点是(　　)。
    A. 管理效率低　　　　　　　　　B. 机构冗余、资源重复配置
    C. 缺乏专业化分工　　　　　　　D. 灵活性差

13. "一条船不能有两个船长"说明了(　　)。
    A. 坚持统一指挥原则　　　　　　B. 严格进行职权界定原则
    C. 加强授权原则　　　　　　　　D. 相互尊重职权

14. 下列关于某大型啤酒生产企业所作的决策中,更倾向程序化决策的是(　　)。
    A. 在行业动荡的情况下,增设情报收集部门
    B. 针对高收入人群,增设一个高端系列
    C. 进入 A 市后,将收购 A 市本地一家啤酒生产企业
    D. 小麦入库前的质量检查活动

15. 管理中必须不断调整系统活动内容和目标以适应环境,这需要运用的管理职能是(　　)。
    A. 计划　　　　　　　　　　　　B. 组织
    C. 领导　　　　　　　　　　　　D. 控制

— 1 —

16. 组织文化有三个层次，其中"格力空调好格调，格力空调拥有核心技术"属于( )。　　　( )
   A. 精神层　　　　　　　　B. 制度层
   C. 物质层　　　　　　　　D. 文化层

17. 非正式组织对正式组织的积极作用是( )。　　　( )
   A. 削弱领导权威　　　　　B. 促进信息沟通
   C. 降低效率　　　　　　　D. 引发冲突

18. 费德勒的权变理论认为，领导效果取决于( )。　　　( )
   A. 领导者性格　　　　　　B. 任务结构与职位权力
   C. 员工满意度　　　　　　D. 组织规模

19. SWOT分析法中的T代表( )。　　　( )
   A. 优势　　　　　　　　　B. 劣势
   C. 机会　　　　　　　　　D. 威胁

20. 下列不属于组织文化的功能的是( )。　　　( )
   A. 导向作用　　　　　　　B. 约束作用
   C. 降低效率　　　　　　　D. 凝聚作用

二、判断选择题(本大题共20小题，每小题1分，共20分。其中21~28小题为经济学试题，29~40小题为管理学试题。)

21. 供给曲线向右上方倾斜。　　　( )
   A. 正确　　　　　　　　　B. 错误

22. 消费者偏好的四个假设包括完备性、传递性、非饱和性和边际替代率递增。( )
   A. 正确　　　　　　　　　B. 错误

23. 边际替代率递减是由于边际效用递减。　　　( )
   A. 正确　　　　　　　　　B. 错误

24. 垄断竞争市场是少数几家厂商控制整个市场产生的市场结构。　　　( )
   A. 正确　　　　　　　　　B. 错误

25. 短期总成本包括固定成本和可变成本。　　　( )
   A. 正确　　　　　　　　　B. 错误

26. 不完全竞争市场中的垄断现象可能由多种原因导致，如品牌忠诚度、专利保护、规模经济等。　　　( )
   A. 正确　　　　　　　　　B. 错误

27. 边际报酬递减规律适用于所有生产情况。　　　( )
   A. 正确　　　　　　　　　B. 错误

28. 预算约束线的斜率由商品价格比决定。　　　( )
   A. 正确　　　　　　　　　B. 错误

29. 管理幅度与管理层次呈正相关关系。　　　( )
   A. 正确　　　　　　　　　B. 错误

30. 计划是管理的首要职能。　　　( )
   A. 正确　　　　　　　　　B. 错误

31. 小道消息是最典型的非正式沟通，传播着员工所关心的信息，但是不能为正式沟通提供有价值的信息。　　　( )
   A. 正确　　　　　　　　　B. 错误

32. 决策过程的第一步是拟定备选方案。　　　( )
   A. 正确　　　　　　　　　B. 错误

33. 直线职能制组织结构适合大型多元化企业。　　　( )
   A. 正确　　　　　　　　　B. 错误

34. 正强化是通过奖励来增强行为的。　　　( )
   A. 正确　　　　　　　　　B. 错误

35. 公平理论认为员工会与他人比较投入与回报。　　　( )
   A. 正确　　　　　　　　　B. 错误

36. 控制过程包括制定标准、衡量绩效、纠正偏差。　　　( )
   A. 正确　　　　　　　　　B. 错误

37. 创新是维持的对立面，二者不可共存。　　　( )
   A. 正确　　　　　　　　　B. 错误

38. 目标管理强调结果而非过程。　　　( )
   A. 正确　　　　　　　　　B. 错误

39. 非言语沟通比言语沟通更可靠。　　　( )
   A. 正确　　　　　　　　　B. 错误

40. 组织设计的核心是分工与协作。　　　( )
   A. 正确　　　　　　　　　B. 错误

三、名词解释(本大题共5小题，每小题4分，共20分。其中41~43小题为经济学试题，44、45小题为管理学试题。)

41. 需求价格弹性

42. 边际效用

43. 机会成本

44. 管理

45. 组织文化

四、简答题(本大题共 5 小题，每小题 8 分，共 40 分。其中 46~48 小题为经济学试题，49、50 小题为管理学试题。)

46. 俗话说"瑞雪兆丰年，五谷登丰收"，但我们的种粮大户老张伯却高兴不起来，老张伯念叨说：前年也是好年景，但最后卖粮收入却没增加……试结合供求规律及需求弹性理论分析为什么会出现这种情况。

47. 简述边际成本与总成本、边际成本与可变成本的关系。

48. 用边际效用递减规律解释"水与钻石悖论"。

49. 简述目标管理的特征。

50. 简述公平理论的核心观点。

五、案例分析题(本大题共两小题,每题15分,共30分,均为管理学题目。)

案例一

蓝天教育集团是一家专注于职业培训的企业,采用直线职能制组织结构。公司设总经理1名,下设教学部、市场部、财务部三个职能部门,各部门经理直接向总经理汇报。教学部负责课程研发与授课,市场部负责招生推广,财务部负责预算审核与成本核算。日常运营中,各部门独立工作,跨部门协作需经总经理审批。近期因市场部推出"暑期速成班"活动,需教学部紧急调整课程安排,但教学部因现有课程排期已满拒绝配合,双方僵持不下,最终由总经理介入调整。此外,财务部因报销流程冗长,导致市场部活动预算延迟批复,影响了宣传进度。

根据本案例材料回答下列问题:

51. (多选题3分)直线职能制组织结构的核心特征包括哪些?( )
 A. 按产品或服务划分部门
 B. 垂直指挥链(总经理→部门经理→员工)
 C. 员工可跨部门直接沟通协作
 D. 以专业化职能分工为基础
 E. 决策权分散在项目团队中

52. (多选题3分)在蓝天教育集团案例中,直线职能制的缺点体现为( )。
 A. 部门间横向沟通效率低   B. 职能重复导致资源浪费
 C. 跨部门协作依赖高层协调   D. 员工晋升路径不清晰
 E. 流程僵化影响执行效率

53. (多选题3分)直线职能制的优点可能包括( )。
 A. 专业化程度高,提升部门内部效率
 B. 组织结构灵活,适应快速变化的市场
 C. 权责清晰,避免多头领导
 D. 跨部门协作成本低
 E. 管理层级扁平化,决策速度快

54. (分析题6分)针对跨部门协作问题,提出两条改进建议并说明理由。

案例二 领航公司的计划管理

领航公司是一家以设计与制造AI设备的高科技公司,在公司的发展过程中,出现了严重问题:生产效率低下。AI制造是一项系统工程,公司围绕AI技术研发形成了若干项目组,主要包括算法组、仿生组、编译组等,项目组的技术专家都是行业内的优秀人才。为了更好地发挥他们的工作积极性,公司实施了广泛授权,允许各项目组自行决定如何工作,但是每个项目组承担着AI产品的不同任务。

后期为提高整体效率,公司聘请相关专家做出详细计划。专家根据各部门情况提出两种计划方案:方案一是每周要进行总结并制订下一周的计划;方案二是在每天下班的前十分钟,大家开始规定好明天的具体计划,提出明天要做的六件事儿。

根据本案例材料回答下列问题:

55. (多选题3分)根据计划间隔时间的长短进行分类,有( )。
 A. 作业计划   B. 长期计划
 C. 短期计划   D. 中期计划
 E. 战略计划

56. (多选题3分)根据计划对组织影响程度的大小及影响时间的长短进行分类,有( )。
 A. 作业计划   B. 战术计划
 C. 战略计划   D. 中期计划
 E. 长期计划

57. (多选题3分)计划的特征有( )。
 A. 首要性   B. 普遍性
 C. 客观性   D. 独立性
 E. 公正性

58. (分析题6分)按计划间隔时间及其影响程度进行分类,管理专家提出的两种方案分别属于什么计划?分析计划在该公司的作用。

经济与管理基础模拟试卷(二)

注意事项:

1. 本卷共150分,分为试卷和答题卡两部分,考生必须在答题卡上作答,作答在试卷上无效。
2. 作答前务必将自己的姓名和准考证号准确清晰地填写在试卷和答题卡的指定位置。
3. 考试结束时,须将试卷和答题卡一并交回。

一、单项选择题(本大题共20小题,每小题2分,共40分。其中1~8小题为经济学试题,9~20小题为管理学试题。在每小题列出的四个备选项中只有一个是符合题目要求的,请选出并将答题卡上对应的答案代码涂黑,错涂、多涂或未涂均不得分。)

1. 供给规律表明( )。
   A. 价格上升,供给量减少
   B. 价格下降,供给量增加
   C. 价格上升,供给量增加
   D. 技术进步,供给量不变

2. 下列可以用需求定理解释的是( )。
   A. 药品价格上涨会使药品质量提高
   B. 计算机价格下降导致销售量增加
   C. 汽油价格提高,小汽车的销售量减少
   D. 可口可乐的价格下降,百事可乐的销售量减少

3. 当需求曲线向右移动时,均衡价格和数量的变化是( )。
   A. 价格上升,数量减少
   B. 价格上升,数量增加
   C. 价格下降,数量增加
   D. 价格不变,数量增加

4. 无差异曲线的形状通常为( )。
   A. 水平直线
   B. 垂直直线
   C. 向右下方倾斜且凸向原点
   D. 向右上方倾斜

5. 在短期生产中,总产量达到最大值时,边际产量为( )。
   A. 最大值
   B. 零
   C. 负值
   D. 与平均产量相等

6. 完全垄断市场的需求曲线是( )。
   A. 水平线
   B. 向右下方倾斜
   C. 垂直线
   D. 由企业自主决定

7. 已知产量为200单位时,平均成本是2元,产量增加到250单位时,平均成本上升到2.5元,在这个产量变化范围内( )。
   A. MC上升,并且MC>AC
   B. MC上升,并且MC<AC
   C. MC下降,并且MC<AC
   D. MC下降,并且MC>AC

8. 寡头垄断厂商的产品是( )。
   A. 同质的
   B. 有差异的
   C. 既可以是同质的,也可以是有差异的
   D. 以上都不对

9. 管理的核心是( )。
   A. 控制资源
   B. 实现组织目标
   C. 制订计划
   D. 激励员工

10. 管理的科学性与艺术性的区别在于( )。
    A. 科学性强调理论,艺术性强调实践
    B. 科学性强调创新,艺术性强调规则
    C. 科学性强调效率,艺术性强调公平
    D. 科学性强调计划,艺术性强调执行

11. 泰勒的科学管理理论主要关注( )。
    A. 组织结构设计
    B. 工人生产效率
    C. 领导风格
    D. 企业文化

12. 下列属于程序化决策的是( )。
    A. 新产品研发
    B. 员工月度考勤
    C. 企业并购
    D. 危机处理

13. 国家出台"每对夫妻可生育两个子女"的政策,少儿智能学习机制造商龙华公司预测其产品的市场需求将明显增长,于是制定并实施了新的发展战略,扩大投资提高生产能力,同时采用新一代智能技术实现产品升级。龙华公司外部环境分析所采用的主要方法是( )。
    A. 五力模型分析法
    B. PEST分析法
    C. SWOT分析法
    D. 情景分析法

14. 目标管理(MBO)的核心是( )。
    A. 自上而下分配任务
    B. 员工参与目标制定
    C. 严格监督执行过程
    D. 以利润为导向

15. 随着组织规模的不断扩大,某集团成立了海外子公司,实行"集中决策,分散经营"的经营策略。该集团采用的组织结构为( )。
    A. 直线制组织结构
    B. 矩阵制组织结构

— 1 —

C. 事业部制组织结构　　　　　　D. 动态网络型结构

16. 非正式组织的正面作用不包括( )。
   A. 增强凝聚力　　　　　　　　B. 弥补正式制度不足
   C. 传播谣言　　　　　　　　　D. 缓解工作压力

17. 费德勒的权变理论认为，领导有效性取决于( )。
   A. 领导者性格　　　　　　　　B. 任务结构
   C. 上下级关系　　　　　　　　D. 以上都是

18. 双因素理论中属于"激励因素"的是( )。
   A. 工资待遇　　　　　　　　　B. 工作条件
   C. 职业发展　　　　　　　　　D. 公司政策

19. 在生产过程中进行的质量控制属于( )。
   A. 前馈控制　　　　　　　　　B. 现场控制
   C. 反馈控制　　　　　　　　　D. 事后控制

20. 管理创新的渐进式创新属于( )。
   A. 全局性创新　　　　　　　　B. 局部性创新
   C. 颠覆性创新　　　　　　　　D. 被动性创新

二、判断选择题(本大题共20小题，每小题1分，共20分。其中21～28小题为经济学试题，29～40小题为管理学试题。)

21. 需求价格弹性大于1时，降价会增加总收益。　　　　　　　　　　( )
   A. 正确　　　　　　　　　　　B. 错误

22. 预算约束线的位置由消费者收入和商品价格共同决定。　　　　　( )
   A. 正确　　　　　　　　　　　B. 错误

23. 边际替代率递增意味着消费者偏好多样化消费。　　　　　　　　( )
   A. 正确　　　　　　　　　　　B. 错误

24. 在完全竞争市场中，企业的短期供给曲线是边际成本曲线高于平均可变成本的部分。
   　　　　　　　　　　　　　　　　　　　　　　　　　　　　　( )
   A. 正确　　　　　　　　　　　B. 错误

25. 隐性成本属于会计成本的一部分。　　　　　　　　　　　　　　( )
   A. 正确　　　　　　　　　　　B. 错误

26. 完全竞争厂商不是价格的制定者而是价格的接受者，所以它们商品的市场价格是固定不变的。　　　　　　　　　　　　　　　　　　　　　　　　　　　　　( )
   A. 正确　　　　　　　　　　　B. 错误

27. 如果边际收益小于边际成本，追求利润最大化的厂商将会减少产量。　( )
   A. 正确　　　　　　　　　　　B. 错误

28. 消费者剩余是消费者实际支付价格与愿意支付价格的差额。　　　( )
   A. 正确　　　　　　　　　　　B. 错误

29. 例外管理意味着上级主管将日常事务授权给下级管理人员处理，而自己则保留对特殊情况或重大问题的决策与监督权。　　　　　　　　　　　　　　　( )
   A. 正确　　　　　　　　　　　B. 错误

30. 科层组织强调非人格化关系。　　　　　　　　　　　　　　　　( )
   A. 正确　　　　　　　　　　　B. 错误

31. 管理的核心是决策，决策是科学性和艺术性的运用。　　　　　　( )
   A. 正确　　　　　　　　　　　B. 错误

32. 计划是管理的首要职能。　　　　　　　　　　　　　　　　　　( )
   A. 正确　　　　　　　　　　　B. 错误

33. 事业部制适合小型企业。　　　　　　　　　　　　　　　　　　( )
   A. 正确　　　　　　　　　　　B. 错误

34. 组织文化的核心是物质层。　　　　　　　　　　　　　　　　　( )
   A. 正确　　　　　　　　　　　B. 错误

35. 领导者的权力只能来源于职位。　　　　　　　　　　　　　　　( )
   A. 正确　　　　　　　　　　　B. 错误

36. 期望理论公式为：激励力＝效价×期望值。　　　　　　　　　　( )
   A. 正确　　　　　　　　　　　B. 错误

37. 沟通障碍仅由信息发送者造成。　　　　　　　　　　　　　　　( )
   A. 正确　　　　　　　　　　　B. 错误

38. 反馈控制又称"事后控制"。　　　　　　　　　　　　　　　　　( )
   A. 正确　　　　　　　　　　　B. 错误

39. 管理创新与维持工作是矛盾的。　　　　　　　　　　　　　　　( )
   A. 正确　　　　　　　　　　　B. 错误

40. SWOT分析法属于内外部环境综合分析法。　　　　　　　　　　( )
   A. 正确　　　　　　　　　　　B. 错误

三、名词解释(本大题共5小题，每小题4分，共20分。其中41～43小题为经济学试题，44、45小题为管理学试题。)

41. 供给

42. 边际替代率

43. 生产函数

44. 决策(广义)

45. 创新职能

四、简答题(本大题共5小题,每小题8分,共40分。其中46~48小题为经济学试题,49、50小题为管理学试题。)

46. 从不同因素角度简述"需求量的变动"和"需求的变动"两者之间的区别。

47. 简述中国电信公司的市场类型及其表现、特征。

48. 用边际报酬递减规律解释农业生产中的"过度施肥"现象。

49. 简述科学管理理论的主要内容及其局限性。

50. 简述控制的原则。

五、案例分析题(本大题共两小题,每题15分,共30分,均为管理学题目。)

案例一

某连锁餐饮企业计划开拓海外市场,需分析目标国家的政治稳定性、消费习惯和竞争对手。

根据本案例材料回答下列问题:

51. (多选题3分)采用PEST分析法评估目标国家的政治稳定性时,应重点分析的维度为(　　)。

 A. 政府政策连续性及外资优惠力度　　B. 人均GDP增长率与通货膨胀率
 C. 社会动荡事件发生频率　　D. 与邻国的地缘政治关系
 E. 本土餐饮行业协会的影响力

52. (多选题3分)波特五力模型分析包括(　　)。

 A. 潜在进入者　　B. 替代产品
 C. 买方议价能力　　D. 行业竞争者
 E. 卖方议价能力

53. (多选题3分)在竞争对手分析中,需关注的竞争要素是(　　)。

 A. 供应链成本控制能力　　B. 门店选址与覆盖率
 C. 本地消费者品牌忠诚度　　D. 社交媒体广告投放量
 E. 政府关系与政策游说能力

54. (分析题6分)请结合PEST分析法和五力模型在环境分析框架基础上给出三点建议。

案例二

陈波先生已进入不惑的年龄。回想起这二十几年的奋斗历程,感触颇多。当年自己没有稳定的工作就结了婚,妻子没有工作,俩人常为生计发愁。后来,陈波先生应聘到一家生产型企业,很快被提拔为工段长,接着又成了车间主任,进而升为生产部长。

他记得那段日子对他个人和公司来说,都是极为重要的转折。他没命地为公司工作,为自己是其中的一分子而自豪。他的付出得到了回报,他的工作收入不断增加,不断地被提拔和升级。有段时间,他自己也沾沾自喜过。

可现细细想来,他觉得自己并没有什么成就,心里总是空虚得很。他现在是生产部长,很想在开发新产品方面为企业做些什么。可他在研究开发和销售方面并没有什么权力。他多次给企业领导建议能否变革组织结构,使中层领导也能一起讨论产品的生产、销售及研发问题,以增强企业的创新力和可持续发展的能力,可领导一直没有采纳他的建议。

所以,陈波先生想换个单位,换个职务,不一定要很高,但能真正发挥自己的潜能。可自己已步入中年,"跳槽"又谈何容易啊!

根据本案例材料回答下列问题:

55. (多选题3分)在马斯洛需要层次理论中,低层次的需要包括(　　)。

 A. 生理需要　　B. 安全需要
 C. 社交需要　　D. 尊重需要
 E. 自我实现需要

56. (多选题3分)陈波先生已实现的需要有(　　)。

 A. 生理需要　　B. 安全需要
 C. 社交需要　　D. 尊重需要
 E. 自我实现需要

57. (多选题3分)结合以上案例,分析陈波先生双因素理论中的保健因素已实现的有(　　)。

 A. 薪资　　B. 职位稳定性
 C. 工作环境　　D. 个人成就感
 E. 职业发展

58. (分析题6分)运用马斯洛需要层次理论和赫茨伯格双因素理论分析陈波先生想跳槽的原因。

经济与管理基础模拟试卷(三)

注意事项：

1. 本卷共150分，分为试卷和答题卡两部分，考生必须在答题卡上作答，作答在试卷上无效。

2. 作答前务必将自己的姓名和准考证号准确清晰地填写在试卷和答题卡的指定位置。

3. 考试结束时，须将试卷和答题卡一并交回。

一、单项选择题(本大题共20小题，每小题2分，共40分。其中1~8小题为经济学试题，9~20小题为管理学试题。在每小题列出的四个备选项中只有一个是符合题目要求的，请选出并将答题卡上对应的答案代码涂黑，错涂、多涂或未涂均不得分。)

1. 下列情况中不正确的是( )。
   A. 如果供给减少，需求不变，均衡价格将上升
   B. 如果供给增加，需求减少，均衡价格将下降
   C. 如果需求增加，供给减少，均衡价格将上升
   D. 如果需求减少，供给增加，均衡价格将上升

2. "消费者对A的偏好大于对B的偏好，对B的偏好大于对C的偏好，那么，在A、C这两个组合中，消费者必定有对A的偏好大于对C的偏好"表述的是( )。
   A. 偏好的完全性
   B. 偏好的可传递性
   C. 偏好的可比较性
   D. 偏好的非饱和性

3. 在短期生产中，当边际产量小于平均产量时( )。
   A. 平均产量递增
   B. 平均产量递减
   C. 总产量达到最大值
   D. 边际产量为负

4. 下列情况中，可以称为二级价格歧视的是( )。
   A. 供电部门根据电的消费量制定出不同的价格
   B. 景区根据游客的类型制定出不同的票价
   C. 厂商以消费者愿意支付的最高价格制定产品的价格
   D. 以上都不是

5. 下列关于公司制企业的说法中错误的是( )。
   A. 相对稳定，有利于生产的长期发展
   B. 筹集资金的形式单一，不利于专业分工
   C. 所有权和管理权分离
   D. 资金雄厚，有利于实现规模生产

6. 预算约束为 $P_1X_1+P_2X_2=M$，横轴表示 X_1 的数量，纵轴表示 X_2 的数量，若 X_1 降价，则( )。
   A. 因价格下降，预算线整体向下平移
   B. 预算线与横轴交点不变，与纵轴交点上移
   C. 预算线与纵轴交点不变，与横轴交点右移
   D. 预算线斜率不发生变化

7. 垄断市场形成的原因不包括( )。
   A. 专利保护
   B. 规模经济
   C. 政府特许
   D. 完全信息

8. 当供给曲线向右平移时，均衡价格和数量的变化为( )。
   A. 价格上升，数量增加
   B. 价格下降，数量增加
   C. 价格不变，数量增加
   D. 价格下降，数量减少

9. 以下成语体现了计划工作的是( )。
   A. 运筹帷幄
   B. 有条不紊
   C. 同心协力
   D. 高屋建瓴

10. 管理学既有科学性又有艺术性，其中艺术性是指( )。
    A. 管理者的艺术修养
    B. 管理因环境而变的随机性
    C. 管理环境的复杂性和环境多变
    D. 灵活运用理论知识和技巧诀窍

11. 以下管理工作中对外部环境依赖性最强的是( )。
    A. 制定发展战略
    B. 选拔一个销售经理
    C. 组建公司新的领导班子
    D. 确定公司管理者的考核指标

12. 波特五力不包括( )。
    A. 行业竞争者
    B. 潜在进入者
    C. 政治法律环境
    D. 替代产品

13. 管理者应学会倾听，下列不属于倾听态度的是( )。
    A. 该沉默时必须沉默，耐心倾听
    B. 留适当的时间进行辩论
    C. 让别人的情绪直接影响到你
    D. 当发觉有问题时，直截了当地问

14. 按控制的进程不同分类，控制的类型不包括( )。
    A. 前馈控制
    B. 财务控制
    C. 现场控制
    D. 反馈控制

15. 小王给小李使眼色，属于( )。
    A. 正式沟通
    B. 言语沟通

C. 间接沟通　　　　　　　　　　D. 非言语沟通
16. 下列关于目标管理的陈述中不正确的是(　　)。
　　A. 目标管理是员工参与管理,上下级共同商定,依次确定各种目标
　　B. 管理人员和工人都是其上级来指挥和控制
　　C. 以自我管理为中心,通过自身监督,以实现组织目标
　　D. 目标管理的重点是评价工作的成效性
17. 根据管理方格理论,一个人只注重任务,而不关注下属的发展,所属的领导方式为(　　)。
　　A. 贫乏型　　　　　　　　　　B. 任务型
　　C. 团队型　　　　　　　　　　D. 中庸之道型
18. 员工迟到后,罚款10%的日工资,所属的强化类型为(　　)。
　　A. 正强化　　　　　　　　　　B. 负强化
　　C. 惩罚　　　　　　　　　　　D. 自然消退
19. 以下属于前馈控制的是(　　)。
　　A. 企业根据现有产品销售不畅的情况,决定改变产品结构
　　B. 生产部门主管深入生产现场检查和指导下属的工作
　　C. 旱则资舟,水则资车
　　D. 亡羊补牢,犹未为晚
20. 管理创新的核心是(　　)。
　　A. 技术升级　　　　　　　　　B. 制度变革
　　C. 打破惯性思维　　　　　　　D. 扩大生产规模

二、判断选择题(本大题共20小题,每小题1分,共20分。其中21~28小题为经济学试题,29~40小题为管理学试题。)

21. 需求增加会导致均衡价格下降。　　　　　　　　　　　　　　(　　)
　　A. 正确　　　　　　　　　　　B. 错误
22. 边际替代率递减是由于边际效用递减。　　　　　　　　　　　(　　)
　　A. 正确　　　　　　　　　　　B. 错误
23. 短期总成本包括固定成本和可变成本。　　　　　　　　　　　(　　)
　　A. 正确　　　　　　　　　　　B. 错误
24. 寡头市场中企业数量众多。　　　　　　　　　　　　　　　　(　　)
　　A. 正确　　　　　　　　　　　B. 错误
25. 边际效用可以为负值。　　　　　　　　　　　　　　　　　　(　　)
　　A. 正确　　　　　　　　　　　B. 错误
26. 完全竞争企业的需求曲线是水平线。　　　　　　　　　　　　(　　)
　　A. 正确　　　　　　　　　　　B. 错误
27. 无差异曲线凸向原点是因为边际替代率递增。　　　　　　　　(　　)
　　A. 正确　　　　　　　　　　　B. 错误
28. 当边际成本大于平均成本时,平均成本上升。　　　　　　　　(　　)
　　A. 正确　　　　　　　　　　　B. 错误
29. 任何组织中的管理工作都包括"维持"和"创新"。　　　　　(　　)
　　A. 正确　　　　　　　　　　　B. 错误
30. 直线制是最简单且最普遍的形式。　　　　　　　　　　　　　(　　)
　　A. 正确　　　　　　　　　　　B. 错误
31. 法约尔认为管理包括计划、组织、领导、协调和控制五要素,并提出了一般管理的14条原则。　　　　　　　　　　　　　　　　　　　　　　　　　　(　　)
　　A. 正确　　　　　　　　　　　B. 错误
32. 韦伯理想的科层组织体系认为只有按一般规定符合条件的人才会被雇用。(　　)
　　A. 正确　　　　　　　　　　　B. 错误
33. 管理者应当承认非正式沟通的必要性,并参与非正式沟通使其为自己服务,必要时对非正式组织渠道加以管理。　　　　　　　　　　　　　　　　　(　　)
　　A. 正确　　　　　　　　　　　B. 错误
34. 美国俄亥俄州立大学的四分图理论分为关怀和定规两个维度,双高风格的领导者总能产生积极的效果。　　　　　　　　　　　　　　　　　　　　　(　　)
　　A. 正确　　　　　　　　　　　B. 错误
35. 负强化通过惩罚减少不良行为的发生。　　　　　　　　　　　(　　)
　　A. 正确　　　　　　　　　　　B. 错误
36. 有效沟通的标准是信息传递速度快。　　　　　　　　　　　　(　　)
　　A. 正确　　　　　　　　　　　B. 错误
37. 反馈控制的优势在于预防问题发生。　　　　　　　　　　　　(　　)
　　A. 正确　　　　　　　　　　　B. 错误
38. 在双因素理论中,"激励因素"缺失会导致员工不满。　　　　(　　)
　　A. 正确　　　　　　　　　　　B. 错误
39. 管理创新必须完全抛弃原有模式。　　　　　　　　　　　　　(　　)
　　A. 正确　　　　　　　　　　　B. 错误
40. 组织文化的核心是物质层设计。　　　　　　　　　　　　　　(　　)
　　A. 正确　　　　　　　　　　　B. 错误

三、名词解释(本大题共5小题,每小题4分,共20分。其中41~43小题为经济学试题,44、45小题为管理学试题。)

41. 均衡价格

42. 隐性成本

43. 垄断市场

44. 目标管理

45. 沟通

四、简答题(本大题共5小题,每小题8分,共40分。其中46~48小题为经济学试题,49、50小题为管理学试题。)

46. 从不同因素角度简述"供给量的变动"和"供给的变动"两者之间的区别。

47. 简述总产量、平均产量与边际产量之间的关系。

48. 解释边际效用递减规律,并举例说明其现实意义。

49. 领导权力的来源。

50. 简述组织设计的原则。

五、案例分析题(本大题共两小题,每题15分,共30分,均为管理学题目。)

案例一

某制造企业发现产品次品率上升,管理层决定引入新的质量控制体系。

根据本案例材料回答下列问题:

51. (多选题3分)控制的内涵有( )。
   A. 目的性　　　　　　　　B. 整体性
   C. 通过监督来实现　　　　D. 是一个过程
   E. 通过纠偏来实现

52. (多选题3分)以下符合管理学控制理论的是( )。
   A. 提前预防次品　　　　　B. 生产过程中实时检查
   C. 事后统计并改进　　　　D. 无固定标准地随机控制
   E. 仅针对管理层惩罚追责

53. (多选题3分)该企业在设计新质量控制体系的步骤时,应包括的关键环节有( )。
   A. 明确质量标准和目标　　B. 仅通过惩罚员工来强化责任
   C. 制订实时监测和纠偏计划　D. 开展全员质量控制培训
   E. 仅依赖客户投诉作为质量反馈

54. (分析题6分)针对上述案例,列出三种以上有效控制措施。

案例二　张经理的解聘风波

A公司是一家专门生产传统家具的企业。这几年随着企业规模的不断扩大,公司先后成立了几家分公司。为了进一步拓展广东市场,公司聘请张先生担任南方分公司的总经理。为此,张先生着实高兴了好一段时间,但是一年以后他就被解聘了,还闹得沸沸扬扬。总公司为什么解聘张经理呢?一是张经理既说不好普通话,又说不好、听不懂粤语。加上他讲话从来不用讲稿,经常是一个问题讲了十几二十几分钟,下属都没听清楚、没弄明白。二是张经理虽有工作热情,但文化程度不高,以他为首制订的公司年度计划不太合理,得不到上级的认可。同时,他又不怎么信任别人,有时还有点高高在上。三是张经理经常打断下属的工作谈话和汇报,也不愿听取和采纳员工的意见、建议,还常常对公司员工的一些私下议论采取压制的态度。另外,公司内部以又垂直沟通居多,部门之间、车间之间、班组之间的横向交流很少,使得公司的各种意见和信息难以得到有效的沟通与传播。

根据本案例材料回答下列问题:

55. (多选题3分)案例中"张经理既说不好普通话,又说不好、听不懂粤语。加上他讲话从来不用讲稿,经常是一个问题讲了十几二十几分钟,下属都没听清楚、没弄明白",体现的沟通障碍不属于( )。
   A. 表达能力　　B. 选择性知觉　　C. 信息过载　　D. 善于倾听
   E. 情绪

56. (多选题3分)案例中"张经理经常打断下属的工作谈话和汇报,也不愿听取和采纳员工的意见、建议,还常常对公司员工的一些私下议论采取压制的态度",表明张经理的领导方式不可能是( )。
   A. 放任型　　B. 民主型　　C. 独裁型　　D. 团队型
   E. 俱乐部型

57. (多选题3分)案例中"公司内部以又垂直沟通居多,部门之间、车间之间、班组之间的横向交流很少,使得公司的各种意见和信息难以得到有效的沟通与传播",表明公司的组织结构可能是( )。
   A. 直线制　　B. 直线职能制　　C. 事业部制　　D. 矩阵制
   E. 职能制

58. (分析题6分)案例中"张经理虽有工作热情,但文化程度不高,以他为首制订的公司年度计划不太合理,得不到上级的认可",对于张经理这种下属,根据情境领导模型,他属于哪种成熟度?公司领导者对张经理应该采取什么措施才是最有效领导?

— 4 —

经济与管理基础模拟试卷(四)

注意事项:

1. 本卷共150分,分为试卷和答题卡两部分,考生必须在答题卡上作答,作答在试卷上无效。
2. 作答前务必将自己的姓名和准考证号准确清晰地填写在试卷和答题卡的指定位置。
3. 考试结束时,须将试卷和答题卡一并交回。

一、单项选择题(本大题共20小题,每小题2分,共40分。其中1~8小题为经济学试题,9~20小题为管理学试题。在每小题列出的四个备选项中只有一个是符合题目要求的,请选出并将答题卡上对应的答案代码涂黑,错涂、多涂或未涂均不得分。)

1. 若其他条件保持不变,制鞋工人工资提高,则鞋的供给( )。
   A. 不变   B. 增加
   C. 减少   D. 无法判断

2. 如果某种商品的销售收入随价格反方向变化,则该商品的需求价格弹性是( )。
   A. 富有弹性   B. 缺乏弹性
   C. 单位弹性   D. 完全弹性

3. 商品A的价格是10元,商品B的价格是3元,消费者购买A和B的边际效用分别是50和18。要获得最大效用,消费者应该( )。
   A. 增加A的购买,减少B的购买   B. 增加B的购买,减少A的购买
   C. 同时增加这两种商品的购买   D. 同时减少这两种商品的购买

4. 消费者效用最大化的情况是( )。
   A. 预算线与无差异曲线相交   B. 在预算线上的无差异曲线的点
   C. 预算线与无差异曲线相切   D. 在预算线下的无差异曲线的点

5. 在短期生产中,当厂商的平均产量为正且递减时,边际产量的情况是( )。
   A. 为正且递减   B. 为负且递减
   C. 为0   D. 以上都有可能

6. 已知消费者的收入是100元,商品X的价格是10元,商品Y的价格是3元。假定他打算购买7单位X和10单位Y,这时商品X和Y的边际效用分别是50和12。如要获得最大效用,他应该( )。
   A. 停止购买   B. 增购X,减少Y的购买量
   C. 增购Y,减少X的购买量   D. 同时增购X和Y

7. 一种产品的生产和销售完全由一家厂商所能控制的市场结构是( )。
   A. 完全竞争   B. 完全垄断
   C. 垄断竞争   D. 寡头垄断

8. 寡头市场形成的重要条件是( )。
   A. 原材料丰裕   B. 产品无差别
   C. 行业具有规模经济   D. 只有一家厂商控制市场

9. "凡目标相同的活动,只能有一个领导,一个计划"属于法约尔一般管理14项原则中的( )。
   A. 统一指挥原则   B. 统一领导原则
   C. 集权与分权原则   D. 秩序原则

10. 决策遵循的原则是( )。
    A. 折中原则   B. 满意原则
    C. 最优原则   D. 平衡原则

11. 组织文化最直观的部分,也是人们最易于感知的部分是( )。
    A. 精神层   B. 制度层
    C. 物质层   D. 组织价值观

12. 某一快递公司在市区规划了30条不同的送货路线,但是这些路线中会遇到概率未知的堵车问题,此时,快递人员选择到达时间最短的路线的决策属于( )。
    A. 不确定型决策   B. 风险型决策
    C. 确定型决策   D. 以上都不是

13. 某企业对生产车间的安全设施进行了改善,这是为了更好地满足员工的( )。
    A. 生理需要   B. 安全需要
    C. 社交需要   D. 尊重需要

14. 根据期望理论,要达到使工作的分配出现所希望的激励效果,一项工作最好授予的员工为( )。
    A. 能力远远高于任务要求的人   B. 能力远远低于任务要求的人
    C. 能力略高于任务要求的人   D. 能力略低于任务要求的人

15. 关于强化理论,下列说法中正确的是( )。
    A. 由美国心理学家马斯洛首先提出
    B. 所谓正强化,就是惩罚那些不符合组织目标的行为,以使这些行为削弱甚至消失
    C. 连续的、固定的正强化能够使一切强化都起到较大的效果
    D. 实施负强化的方式与正强化有所差异,应以连续的负强化为主

— 1 —

16. 根据亚当斯提出的公平理论，以下观点正确的是(　　)。
   A. 公平感是一种客观现象
   B. 绝对报酬比相对报酬更重要
   C. 满意程度只取决于绝对报酬，不取决于相对报酬
   D. "投入"和"产出"形式的多样化使得社会比较难以进行

17. 对于工作成熟度较高和心理成熟度较高的员工，领导应采用的方式为(　　)。
   A. 授权式   B. 参与式
   C. 推销式   D. 支持式

18. 企业农场根据电视上的预告作出农药生产、储备，这属于(　　)。
   A. 过程控制   B. 现场控制
   C. 前馈控制   D. 事后控制

19. 在目标管理(MBO)中，"自我控制"的实现基础是(　　)。
   A. 严格监督   B. 员工参与目标制定
   C. 惩罚机制   D. 高层集权

20. 在管理创新中，"突破式创新"的特征是(　　)。
   A. 逐步优化现有流程   B. 彻底颠覆传统模式
   C. 依赖外部资源整合   D. 忽视成本效益

二、判断选择题(本大题共20小题，每小题1分，共20分。其中21~28小题为经济学试题，29~40小题为管理学试题。)

21. 飞机的供给价格弹性大于奶茶的供给价格弹性。　　　　　　　　　(　　)
   A. 正确   B. 错误

22. 一般来说食盐的需求价格弹性大于西红柿的需求价格弹性。　　　　(　　)
   A. 正确   B. 错误

23. 受边际效用递减的影响，总效用不断减少。　　　　　　　　　　　(　　)
   A. 正确   B. 错误

24. 边际效用递减规律是指，一定时期内，随着消费者消费数量的不断增加，消费者从每增加一单位该商品或服务的消费中获得的效用量是逐渐递减的。　　　　(　　)
   A. 正确   B. 错误

25. 会计利润是小于经济利润的。　　　　　　　　　　　　　　　　　(　　)
   A. 正确   B. 错误

26. 当边际成本大于平均成本时，平均成本上升。　　　　　　　　　　(　　)
   A. 正确   B. 错误

27. 价格歧视属于垄断定价，会导致不公平竞争。　　　　　　　　　　(　　)
   A. 正确   B. 错误

28. 垄断竞争市场是少数几家厂商控制整个市场产生的销售的市场结构。(　　)
   A. 正确   B. 错误

29. 法约尔第一个全面系统地提出管理的计划、组织、指挥、协调与控制五项职能。(　　)
   A. 正确   B. 错误

30. 泰勒的科学管理就是用科学的工作方法代替传统的经验管理方法。　(　　)
   A. 正确   B. 错误

31. PEST分析法是从政治与法律环境、经济环境、社会与文化环境以及技术环境四个方面来探查、认识影响组织发展的重要因素，其具有通用性和一般性。(　　)
   A. 正确   B. 错误

32. 程序化决策一般处理例外问题。　　　　　　　　　　　　　　　　(　　)
   A. 正确   B. 错误

33. 直线制组织结构的专业化水平低且对管理人员的要求不高。　　　　(　　)
   A. 正确   B. 错误

34. 机械式组织适用于外部环境不稳定的情况。　　　　　　　　　　　(　　)
   A. 正确   B. 错误

35. 领导方式可以分成专制、民主、放任三种，其中民主型领导方式的主要优点是纪律严格，管理规范，赏罚分明。(　　)
   A. 正确   B. 错误

36. 决策实际上是一个"决策实施再决策再实施"的连续不断的循环过程。(　　)
   A. 正确   B. 错误

37. 勒温等人的研究结果显示，在领导者参与并监督工作的情况下，独裁型的领导也很有效，但团队的情绪却很差。(　　)
   A. 正确   B. 错误

38. 费德勒的权变理论模型将领导风格分为关系取向型和任务取向型。　(　　)
   A. 正确   B. 错误

39. 公司员工小丽周末参加了联谊的消息不胫而走，这属于非正式沟通。(　　)
   A. 正确   B. 错误

40. 维持是创新的发展，创新是维持的逻辑延续。　　　　　　　　　　(　　)
   A. 正确   B. 错误

三、名词解释(本大题共 5 小题,每小题 4 分,共 20 分。其中 41~43 小题为经济学试题,44、45 小题为管理学试题。)

41. 需求

42. 预算约束线

43. 市场结构

44. 计划(动词)

45. 控制

四、简答题(本大题共 5 小题,每小题 8 分,共 40 分。其中 46~48 小题为经济学试题,49、50 小题为管理学试题。)

46. 结合需求和供给变动对均衡价格影响的综合分析,简述供求规律。

47. 简述无差异曲线的特征。

48. 简述市场结构的类型及其分类的依据。

49. 简述管理的基本原理。

50. 简述强化按目的分类及其内容。

五、案例分析题(本大题共两小题,每题15分,共30分,均为管理学题目。)

案例一

某制造企业生产效率低下,新上任的经理决定引入泰勒的科学管理理论。他通过时间动作分析优化操作流程,并实行差别计件工资制。然而,部分工人抱怨工作强度过大,导致士气下降。

根据本案例材料回答下列问题:

51.(多选题3分)泰勒的科学管理理论在本案例中体现的具体措施包括(　　)。
A. 时间与动作研究分析最佳工作方法　　B. 实行差别计件工资制激励高效率
C. 鼓励工人参与管理决策　　D. 将工作流程标准化
E. 推行弹性工作制以减轻压力

52.(多选题3分)工人抱怨工作强度大、士气下降的主要原因可能包括(　　)。
A. 差别计件工资制导致心理压力过大　　B. 过度标准化忽视工人个体差异
C. 缺乏对员工社会需求和人性化关怀　　D. 生产效率持续下降
E. 部门间横向沟通减少

53.(多选题3分)针对部分工人抱怨工作强度过大,按泰勒理论可采取的措施有(　　)。
A. 改进操作方法　　B. 作业环境标准化
C. 正确匹配工人与岗位　　D. 培训工人
E. 作业条件标准化

54.(分析题6分)针对部分工人抱怨工作强度过大,导致士气下降情况,试运用双因素理论分析解决。

案例二

新新广告公司是位于福建省的一家拥有300余名职工的大型广告公司,公司下设人事部、财务部和6个业务部。就广告业务来说,具体有:业务一部:与老顾客建立固定联系,搜寻新顾客。业务二部:对承揽的广告业务进行文字创作和艺术创作。业务三部:对广告内容进行电视制作、电台制作、报纸制作、杂志制作以及其他制作。业务四部:调查各种新闻媒体的性质、栏目、时间、版面、价格,决定整段时间、整段版面,还是分别购买,并与新闻媒体保持联系。业务五部:帮助顾客调查市场、估计潜力、确定广告影响等。业务六部:帮助顾客设计陈列方式、包装方式或商品分配办法。

根据本案例材料回答下列问题:

55.(多选题3分)下列不符合该公司管理需要的组织结构是(　　)。
A. 直线制　　B. 直线职能制
C. 事业部制　　D. 矩阵制
E. 职能制

56.(多选题3分)该公司采用的组织结构的优点是(　　)。
A. 统一指挥与专业化管理相结合　　B. 能够有效减轻管理者负担
C. 规避多头指挥　　D. 提高了组织对环境的适应能力
E. 降低管理成本

57.(多选题3分)该公司采用的组织结构的缺点是(　　)。
A. 协调难度加大　　B. 损害下属的自主性
C. 降低决策效率　　D. 增加管理成本
E. 降低对环境的适应能力

58.(分析题6分)新新广告公司现进行业务拓展,分别在江西、湖南、辽宁各收购一家广告公司。收购后,公司业务规模极速扩大,管理难度增加,原有组织结构不再满足管理需要。现建议采用什么组织结构?该组织结构有什么优点?

经济与管理基础模拟试卷(五)

注意事项：

1. 本卷共150分，分为试卷和答题卡两部分，考生必须在答题卡上作答，作答在试卷上无效。
2. 作答前务必将自己的姓名和准考证号准确清晰地填写在试卷和答题卡的指定位置。
3. 考试结束时，须将试卷和答题卡一并交回。

一、单项选择题(本大题共20小题，每小题2分，共40分。其中1~8小题为经济学试题，9~20小题为管理学试题。在每小题列出的四个备选项中只有一个是符合题目要求的，请选出并将答题卡上对应的答案代码涂黑，错涂、多涂或未涂均不得分。)

1. 下列几种商品中，商品的需求弹性最小的是(　　)。
   A. 食盐　　　　　　　　　　B. 衣服
   C. 化妆品　　　　　　　　　D. 手机

2. 关于需求与供给的变动对均衡的影响，正确的是(　　)。
   A. 供给不变，需求的变动引起均衡价格与均衡数量同方向变动
   B. 需求不变，供给的变动引起均衡价格与均衡数量同方向变动
   C. 供给不变，需求增加引起均衡价格下降，需求的下降引起均衡价格上升
   D. 需求不变，供给的增加引起均衡价格上升，供给的减少引起价格下降

3. 经济分析中所说的短期指(　　)都随产量调整的时期。
   A. 一年之内
   B. 全部生产要素
   C. 至少有一种生产要素不能随产量调整的时期
   D. 以上都对

4. 某企业在产量为100，边际成本为50，边际收益为50，其他每件不变下，该企业(　　)。
   A. 产量增加
   B. 应该减少产量
   C. 增产或减产都可实现最优产量
   D. 已经实现了利润最大化，既不增加产量也不减少产量

5. 总效用达到最大时(　　)。
   A. 边际效用为正　　　　　　B. 边际效用为零
   C. 边际效用为负　　　　　　D. 边际效用最大

6. 最需要进行广告宣传的市场是(　　)。
   A. 完全竞争市场　　　　　　B. 垄断竞争市场
   C. 寡头垄断市场　　　　　　D. 完全垄断市场

7. 比萨饼和炸玉米饼是替代品，如果比萨饼价格上升，则(　　)。
   A. 两种商品的需求都下降　　B. 两种商品的需求都增加
   C. 炸玉米饼需求增加　　　　D. 炸玉米饼需求下降

8. 寡头市场形成的重要条件是(　　)。
   A. 原材料丰裕　　　　　　　B. 产品无差别
   C. 行业具有规模经济　　　　D. 只有一家厂商控制市场

9. 在企业管理活动实施过程中，管理者履行管理职责的根本目的是(　　)。
   A. 实现管理者目标　　　　　B. 实现组织目标
   C. 提高员工的技能　　　　　D. 提高管理者技能

10. 法约尔提出的管理的五项职能或要素是(　　)。
    A. 计划、组织、指挥、协调、控制
    B. 计划、组织、决策、领导、控制
    C. 计划、组织、决策、协调、控制
    D. 计划、组织、人员配备、指导、控制

11. 某建筑企业为了进入建筑市场，计划邀请相关行业的尖端人才加盟，成立桥梁事业部，开展市政桥梁工程项目。按照所涉及的活动内容划分，该计划是(　　)。
    A. 综合计划　　　　　　　　B. 项目计划
    C. 战术计划　　　　　　　　D. 专业计划

12. 我国一个十几年的规划属于(　　)。
    A. 执行性决策　　　　　　　B. 战术决策
    C. 业务决策　　　　　　　　D. 战略决策

13. 下列关于SWOT分析法的说法中错误的是(　　)。
    A. SWOT分析法是安德鲁斯提出来的
    B. SWOT法是内外部环境综合分析方法
    C. SWOT法是决策各要素之间的关系
    D. SWOT法是一个二维矩阵，即用图形的形式表现出来

14. 下列不是事业部制特点的为(　　)。
    A. 滋生本位主义　　　　　　B. 有利于专业化人才的培养

C. 特点是集中决策，分散经营　　　　D. 机构重复设置，管理成本高

15. 中国经济2035计划属于(　　)。
    A. 长期计划　　　　　　　　B. 战术计划
    C. 中期计划　　　　　　　　D. 作业计划

16. 关心员工而不关心工作的完成，"老好人式"的管理，这种领导方式在管理方格理论中所属的类型为(　　)。
    A. (9，1)型　　B. (1，9)型　　C. (9，9)型　　D. (1，1)型

17. 某公司接了个项目，需要各部门密切配合，成员是从多个部门临时抽调来的，这是(　　)。
    A. 矩阵制结构　　　　　　　B. 事业部制结构
    C. 职能制结构　　　　　　　D. 直线职能制结构

18. "牵牛要牵牛鼻子"体现了控制的(　　)。
    A. 直接控制原则　　　　　　B. 控制趋势原则
    C. 例外原则　　　　　　　　D. 控制关键点原则

19. 赫茨伯格双因素理论中的激励因素，可以相当于马斯洛需要层次论中的(　　)。
    A. 安全和尊重的需要　　　　B. 安全和社会认可的需要
    C. 尊重和自我实现的需要　　D. 尊重和社会认可的需要

20. 在日常课堂教育中，经常有学生不认真听课，老师以手势警告，所用的沟通方式是(　　)。
    A. 言语沟通　　　　　　　　B. 书面沟通
    C. 非言语沟通　　　　　　　D. 非正式沟通

二、判断选择题（本大题共20小题，每小题1分，共20分。其中21~28小题为经济学试题，29~40小题为管理学试题。）

21. 消费者预期某种商品未来价格会上涨，则该商品本期需求会增加，需求曲线会向右移动。　　　　　　　　　　　　　　　　　　　　　　　　　　　　　(　　)
    A. 正确　　　　　　　　　　B. 错误

22. 供给曲线左移，是指商品保持价格不变，厂商提供的商品数量增加。　(　　)
    A. 正确　　　　　　　　　　B. 错误

23. 预算约束线是指在收入和商品价格既定的情况下，消费者用全部收入所能购买到的各种商品不同数量的组合。　　　　　　　　　　　　　　　　　　　　(　　)
    A. 正确　　　　　　　　　　B. 错误

24. 基数效用论的分析方法包括边际效用分析方法和无差异曲线分析方法。(　　)
    A. 正确　　　　　　　　　　B. 错误

25. 不同市场结构中的企业，其利润最大化的原则都是边际收益等于边际成本。(　　)
    A. 正确　　　　　　　　　　B. 错误

26. 某订单报价低于产品平均成本但高于平均可变成本，企业预计不会接到其他订单，此时应拒绝该订单。　　　　　　　　　　　　　　　　　　　　　　　　(　　)
    A. 正确　　　　　　　　　　B. 错误

27. 在完全竞争市场上，各生产者和各消费者都是市场价格的接受者。　(　　)
    A. 正确　　　　　　　　　　B. 错误

28. 垄断企业出现亏损是不可能的。　　　　　　　　　　　　　　　(　　)
    A. 正确　　　　　　　　　　B. 错误

29. 管理的本质是协调人的行为以实现组织目标。　　　　　　　　　(　　)
    A. 正确　　　　　　　　　　B. 错误

30. 法约尔被称为"科学管理之父"。　　　　　　　　　　　　　　　(　　)
    A. 正确　　　　　　　　　　B. 错误

31. 非正式组织对正式组织只有消极作用。　　　　　　　　　　　　(　　)
    A. 正确　　　　　　　　　　B. 错误

32. 确定型决策需考虑未来环境的不确定性。　　　　　　　　　　　(　　)
    A. 正确　　　　　　　　　　B. 错误

33. 计划职能是管理活动的起点。　　　　　　　　　　　　　　　　(　　)
    A. 正确　　　　　　　　　　B. 错误

34. 事业部制适合产品单一的小型企业。　　　　　　　　　　　　　(　　)
    A. 正确　　　　　　　　　　B. 错误

35. 领导者的参照权力来源于职位。　　　　　　　　　　　　　　　(　　)
    A. 正确　　　　　　　　　　B. 错误

36. 公平理论强调员工对投入与回报的主观比较。　　　　　　　　　(　　)
    A. 正确　　　　　　　　　　B. 错误

37. 现场控制发生在工作执行过程中。　　　　　　　　　　　　　　(　　)
    A. 正确　　　　　　　　　　B. 错误

38. 组织柔性设计原则要求结构稳定不变。　　　　　　　　　　　　(　　)
    A. 正确　　　　　　　　　　B. 错误

39. 创新与维持是管理中的对立关系。　　　　　　　　　　　　　　(　　)
    A. 正确　　　　　　　　　　B. 错误

40. SWOT分析法可同时用于内外环境评估。　　　　　　　　　　　(　　)
    A. 正确　　　　　　　　　　B. 错误

三、名词解释(本大题共5小题，每小题4分，共20分。其中41~43小题为经济学试题，44、45小题为管理学试题。)

41. 市场均衡

42. 效用

43. 公司制企业

44. 组织(名词)

45. 领导(动词)

四、简答题(本大题共5小题，每小题8分，共40分。其中46~48小题为经济学试题，49、50小题为管理学试题。)

46. 需求价格弹性系数的取值范围为$0 \leq E_p \leq +\infty$，简述根据价格弹性系数值的大小，把商品划分成几种类型及各类型的特征。

47. 简述边际效用与总效用的含义，并阐述两者间的关系。

48. 简述完全竞争市场的特点并举出现实生活中符合完全竞争市场特点的例子。

49. 简述决策过程。

50. 简述费德勒权变理论三个维度的有利和不利情境。

五、案例分析题(本大题共两小题，每题15分，共30分，均为管理学题目。)

案例一

某部门员工抱怨虽工资还行、员工宿舍环境也好、工作中劳动保护措施到位，但工作枯燥，员工工位间隔非常远，离职率上升。经理决定引入弹性工作制，并设立创新奖励。

根据本案例材料回答下列问题：

51. (单选题2分)弹性工作制是双因素理论中的(　　)。
A. 激励因素　　B. 保健因素　　C. 情境因素　　D. 任务因素

52. (单选题2分)设立创新奖励是双因素理论中的(　　)。
A. 激励因素　　B. 保健因素　　C. 情境因素　　D. 任务因素

53. (单选题2分)工资还行、员工宿舍环境也好是指需要层次理论中的(　　)。
A. 生理需要　　B. 安全需要　　C. 社交需要　　D. 尊重需要

54. (单选题2分)工作中劳动保护措施到位是指需要层次理论中的(　　)。
A. 生理需要　　B. 安全需要　　C. 社交需要　　D. 尊重需要

55. (单选题2分)工作枯燥、员工工位间隔非常远是指需要层次理论中的(　　)。
A. 生理需要　　B. 安全需要　　C. 社交需要　　D. 尊重需要

56. (分析题5分)经理设立创新奖励，运用的是什么职位权力？经理为进一步获得员工认同，还可以行使哪些个人权力？

案例二

胜利电子公司是一家拥有200多名员工的小型电子器件制造企业。除了生产车间之外，企业还设有生产技术科、购销科、财务科和办公室4个部门。总经理杨兴华任现职已有4年；此外，还有两个副总经理张光和江波，分别负责生产技术、经营及人事。几年来，公司的经营呈稳定增长的势头，职工收入在当地属于遥遥领先的水平。

今天已是年底，杨总经理一上班就平息了两起"火情"。首先是关于张平辞职的问题。张平是一车间热处理组组长，也是公司的技术骨干，一向工作积极性挺高。但今天一上班就气呼呼地来到总经理办公室递上了一份辞呈。经过了解，张平并非真的想辞职，而是觉得受了委屈。原因是头天，车间主任让他去参加展览中心的热处理新设备展销会，因而未能完成张副总交办的一批活，受到了张副总的批评。经过杨总经理开导后，张平解开了疙瘩，撤回了辞呈。

张平刚走又来了技术科的刘工。刘工是厂里的技术"大拿"，也是技术人员中工资最高的一位。刘工向杨总抱怨自己不受重视，声称如果继续如此，自己将考虑另谋出路。经过了解，刘工是不满技术科的奖金分配方案。虽然技术科在各科室中奖金总额最高，但科长老许为了省事，决定平均分配，从而使得自认为为企业立下汗马功劳的刘工与刚出校门的小李、小马等所得一样。结果是小李、小马等欢天喜地，而刘工却感到受了冷落。杨总经理对刘工进行了安抚，并告诉刘工明年公司将进一步开展和完善目标管理活动，"大锅饭"现象很快就会消失。事实上，由于年初订计划时，目标制定得比较模糊和笼统，各车间在年终总结时均出现了一些问题。

送走了张平和刘工后，杨总经理开始翻阅秘书送来的报告和报表，结果上个月的质量情况令他感到不安，不合格品率上升了0.6%。他准备在第二天的生产质量例会上，重点解决这个问题。此外，用户的几起投诉也需要格外重视。

处理完报告和报表后，杨总经理决定到车间巡视一下。在二车间的数控机床旁，发现青工小王在操作时，不合乎规范要求，当即给予了纠正。之后又到了由各单位人员协作组成的技术攻关小组，鼓励他们加把劲，争取早日攻克几个影响产品质量和生产进度的难关，并顺便告知技术员小谭，公司将会尽量帮助解决他妻子的就业问题。此外，杨总经理又透露了公司已作出的一项决定：今后无论是工人还是技术人员，只要有论文发表，公司将承担其参加学术会议的全部费用。大家备受鼓舞。

中午12点，根据预先的安排，杨总经理与一个重要的客户共进了午餐。下午他2点主持了公司领导和各部门主管参加的年终总结会，会上除了生产技术科科长与购销科科长为先进科室的称号又一次争得面红耳赤之外，其他基本顺利。散会以后，他与一个外商进行了谈判，签订了一份金额颇大的订单。但江波副总不看好此订单，因为其中的一些产品本公司并没生产过，短时期内也没有能力生产，以前也没有公司订单外发加工的经验。但杨总经理心中自有主意，因为他知道，有一家生产这类产品的大型企业正在四处找米下锅，而这份订单外发给这家大型企业加工，不仅会使这家大企业愁眉轻展，也将使胜利电子公司轻轻松松稳赚一笔。

根据本案例材料回答下列问题：

57. （单选题2分）胜利电子公司最可能采用的组织结构是（　　）。
A. 事业部制　　　　　　　　B. 直线职能制
C. 矩阵制　　　　　　　　　D. 直线制

58. （单选题2分）使张平受委屈的原因在于（　　）。
A. 张平本人过于斤斤计较　　B. 车间主任安排不当
C. 张副总违反了统一指挥原则　D. 张副总与车间主任沟通不充分

59. （单选题2分）能够解释刘工的心理感受的是（　　）。
A. 双因素理论　　　　　　　B. 需要层次理论
C. 强化理论　　　　　　　　D. 公平理论

60. （单选题2分）从控制角度来看，杨总经理对青工小王的操作方式进行纠正，可以看作（　　）。
A. 现场控制　　　　　　　　B. 反馈控制
C. 前馈控制　　　　　　　　D. 预防控制

61. （单选题2分）杨总经理通过报告和报表对产品质量的控制属于（　　）。
A. 现场控制　　　　　　　　B. 反馈控制
C. 前馈控制　　　　　　　　D. 预防控制

62. （分析题5分）分析在与外商签订的大订单这件事上，杨总与江波副总不同管理观点的原因，及这两种观点之间的关系。

经济与管理基础模拟试卷(六)

注意事项:

1. 本卷共150分,分为试卷和答题卡两部分,考生必须在答题卡上作答,作答在试卷上无效。

2. 作答前务必将自己的姓名和准考证号准确清晰地填写在试卷和答题卡的指定位置。

3. 考试结束时,须将试卷和答题卡一并交回。

一、单项选择题(本大题共20小题,每小题2分,共40分。其中1~8小题为经济学试题,9~20小题为管理学试题。在每小题列出的四个备选项中只有一个是符合题目要求的,请选出并将答题卡上对应的答案代码涂黑,错涂、多涂或未涂均不得分。)

1. 经济学中的利润是指(　　)。
   A. 总收益与显性成本之差　　B. 总收益与隐性成本之差
   C. 总收益与经济成本之差　　D. 总收益与会计成本之差

2. 下列商品中不能通过"薄利多销"来增加收益的是(　　)。
   A. 大米　　B. 时装
   C. 化妆品　　D. 旅游服务

3. 下列情况中不正确的是(　　)。
   A. 如果供给减少,需求不变,均衡价格将上升
   B. 如果供给增加,需求减少,均衡价格将下降
   C. 如果需求增加,供给减少,均衡价格将上升
   D. 如果需求减少,供给增加,均衡价格将上升

4. 已知商品1的价格为1.5元,商品2的价格为1元。当消费者从这两种商品的消费中得到最大效用时,商品1的边际效用是30,那么此时商品2的边际效用应该是(　　)。
   A. 20　　B. 30
   C. 4　　D. 55

5. 若无差异曲线上一点的斜率为$\frac{1}{2}$,这意味着消费者有较多的X,他愿意放弃(　　)单位X而获得1单位Y。
   A. 0.5　　B. 2
   C. 1.5　　D. 1

6. 对于边际报酬的递增阶段,总产量曲线(　　)。

A. 以递增的速率上升　　B. 以递减的速率上升
C. 以递增的速率下降　　D. 以递减的速率下降

7. 下列属于"自然垄断"形成原因的是(　　)。
   A. 专利技术保护　　B. 规模经济显著
   C. 消费者偏好集中　　D. 法律特许经营

8. 完全竞争的市场是指(　　)。
   A. 市场参与者的购销量只占整个市场交易量的极小一部分
   B. 市场参与者只能接受价格,而不能影响价格
   C. 交易的商品是同质的
   D. 以上全对

9. 只有把局部与整体、内部与外部、目前与未来统筹兼顾、综合考虑,才能妥善地处理组织中的每一个问题,避免顾此失彼。这属于(　　)。
   A. 人本原理　　B. 效益原理
   C. 系统原理　　D. 适度原理

10. 影响管理者进行分权的因素不包括(　　)。
    A. 组织规模的扩大　　B. 组织活动的分散
    C. 维护政策和命令统一性的要求　　D. 员工工作主动性的提高

11. 按照所涉及的活动内容分类,某项工程的建设计划属于(　　)。
    A. 专业计划　　B. 综合计划
    C. 项目计划　　D. 作业计划

12. 从高层到低层,每个层级的人都需要做计划,这体现的计划特征为(　　)。
    A. 普遍性　　B. 首要性
    C. 经济性　　D. 目的性

13. 矩阵制结构的优点是(　　)。
    A. 有利于培养通才　　B. 权责关系明确
    C. 减轻管理人员的压力　　D. 目标明确,人员结构合理

14. 某航空公司采取打折机票,后续也有航空公司模仿,这对高铁行业的竞争力产生了影响。根据迈克尔波特的五力模型,对于高铁行业来说,航空公司属于(　　)。
    A. 潜在进入者　　B. 买卖双方谈价格的实力
    C. 行业竞争者　　D. 替代产品的威胁

15. 在以下领导方式中属于独裁型领导方式的有(　　)。
    ①自行作出决策;②下属必须坚决服从命令;③作出暂时性决策并允许修改;④不允许下属自行修改决策;⑤允许下属提出建议。

A. ①②③④⑤　　B. ②④　　C. ②③④⑤　　D. ③⑤

16. 在费德勒的权变领导理论指出的各类情境因素中，下列情况较好的是(　　)。
   A. 领导者成员关系差、任务结构化、职位权力强
   B. 领导者成员关系差、任务结构化、职位权力弱
   C. 领导者成员关系好、任务结构化、职位权力强
   D. 领导者成员关系好、任务结构化、职位权力弱

17. 某银行为了消除腐败，不仅要求下属严格自律，还实行岗位轮换制度，经理及以上的管理人员不能在同一支行工作五年。根据控制的进程属于(　　)。
   A. 前馈控制　　B. 综合控制　　C. 反馈控制　　D. 直接控制

18. 因为某销售人员表现良好，将该销售员提升到销售经理的职位，领导者所使用的权力为(　　)。
   A. 参照权力　　B. 强制权力　　C. 奖赏权力　　D. 法定权力

19. 公司定额完成的按50%奖励，定额超额完成的超出部分按10%奖励，这属于强化理论中的(　　)。
   A. 正强化　　B. 负强化　　C. 惩罚　　D. 自然消退

20. 创新按组织化程度分类，可分为(　　)。
   A. 局部创新、整体创新
   B. 要素创新、结构创新
   C. 自发创新、有组织的创新
   D. 渐进式创新、破坏性创新

二、判断选择题(本大题共20小题，每小题1分，共20分。其中21~28小题为经济学试题，29~40小题为管理学试题。)

21. 消费者的收入变动会引起商品需求量的变动而不是商品需求的变动。　(　　)
   A. 正确　　B. 错误

22. 供给曲线左移，是指商品保持价格不变，厂商提供的商品数量增加。　(　　)
   A. 正确　　B. 错误

23. 基数效用论采用的是边际效用分析法。　(　　)
   A. 正确　　B. 错误

24. 消费者偏好可传递性是指若偏好 $A>B$ 且 $B>C$，则 $A>C$。　(　　)
   A. 正确　　B. 错误

25. 给工人支付的工资属于隐性成本。　(　　)
   A. 正确　　B. 错误

26. 平均产量最大时，平均可变成本最小。　(　　)
   A. 正确　　B. 错误

27. 在完全竞争市场中，企业的需求曲线是一条水平线。　(　　)
   A. 正确　　B. 错误

28. 三级价格歧视是指按消费者购买量不同定价。　(　　)
   A. 正确　　B. 错误

29. 科层制组织强调非人格化规则和层级权威。　(　　)
   A. 正确　　B. 错误

30. 为适应组织目标，并根据组织成员的素质安排合适的工作岗位，这是管理中的领导作用。　(　　)
   A. 正确　　B. 错误

31. 决策过程模型的最后一步是实施方案。　(　　)
   A. 正确　　B. 错误

32. 五力模型用于分析企业一般环境。　(　　)
   A. 正确　　B. 错误

33. 组织文化能够影响组织成员对待变化的态度，进而影响决策者和决策实施者对不同方案的评价与选择。　(　　)
   A. 正确　　B. 错误

34. 战略计划是高层领导需要关注的，作业计划和业务计划是中层领导甚至是具体的作业人员所需要关注的。　(　　)
   A. 正确　　B. 错误

35. 机械式组织强调创新和对现有规则的打破。　(　　)
   A. 正确　　B. 错误

36. 情境领导模型关注的是下属成熟度，成熟度与下属的心理年龄和时间年龄有关。　(　　)
   A. 正确　　B. 错误

37. 沟通障碍仅由信息接收者造成。　(　　)
   A. 正确　　B. 错误

38. 反馈控制又称实时控制。　(　　)
   A. 正确　　B. 错误

39. 管理创新必须完全脱离原有体系。　(　　)
   A. 正确　　B. 错误

40. 在双因素理论中，"保健因素"缺失会导致员工不满。　(　　)
   A. 正确　　B. 错误

三、名词解释(本大题共 5 小题,每小题 4 分,共 20 分。其中 41~43 小题为经济学试题,44、45 小题为管理学试题。)

41. 均衡

42. 无差异曲线

43. 完全竞争市场

44. 系统

45. 组织设计

四、简答题(本大题共 5 小题,每小题 8 分,共 40 分。其中 46~48 小题为经济学试题,49、50 小题为管理学试题。)

46. 阐述需求规律的概念及其基本内容。

47. 阐述消费者偏好的四个假设。

48. 阐述垄断市场的特点。

49. 简述一般环境分析方法(PEST 分析法)的四个方面。

50. 简述前馈控制的优缺点。

五、案例分析题(本大题共两小题,每题 15 分,共 30 分,均为管理学题目。)

案例一

某互联网公司采用扁平化组织结构,强调灵活创新。但随着规模扩大,出现决策混乱、职责不清的问题。有高管建议引入韦伯的科层组织模式。

根据本案例材料回答下列问题:

51. (单选题 2 分)该公司规模扩大后出现决策混乱的主因是扁平化结构的哪一缺陷?(   )

 A. 管理层级过多,信息传递缓慢　　B. 职责与权限界定模糊,权责不对等
 C. 员工缺乏创新动力　　D. 部门间竞争激烈

52. (单选题 2 分)下列不属于韦伯科层制理论的核心特征的是(   )。

 A. 明确的等级链和职位权威　　B. 高度标准化的工作流程
 C. 弹性化的员工自主决策权　　D. 书面化的规则与档案管理

53. (单选题2分)若公司全面转向科层制,最可能引发的问题是( )。
    A. 跨部门协作效率提高　　　　　B. 创新活力下降,流程僵化
    C. 员工满意度显著上升　　　　　D. 决策速度大幅加快

54. (单选题2分)扁平化结构相比科层组织结构的主要优势是( )。
    A. 更适用于大规模企业　　　　　B. 更利于快速响应市场变化
    C. 更易实现成本控制　　　　　　D. 更强调职能专业化

55. (单选题2分)科层组织结构的缺点为( )。
    A. 可能抑制创新　　　　　　　　B. 工作效率无法提高
    C. 无规则性　　　　　　　　　　D. 不具有稳定性

56. (分析题5分)科层组织模式是否适合该公司?结合"系统原理"和"适度原理",提出改进建议。

案例二

某研究所是一家注重技术创新的事业单位。前些年由于市场环境的变化,单位的业务量逐年下滑。三年前,研究所迎来了新领导李所长,一位毕业于名牌大学搞技术出身的研究生。李所长接手工作后,实施了一系列的改革方案:调整原有的组织结构,实行公开透明的招聘程序,选拔年轻技术骨干等。研究所的业务量和绩效在李所长实施改革后均大幅度提升。最令李所长高兴的是,一批自己提拔的年轻骨干表现出色,助理工程师莫力就是其中的一个代表。

莫力三年前从某名牌大学硕士毕业,由李所长亲自面试后进入研究所工作。刚到研究所的第一年,莫力凭借自身扎实的理论功底和研究能力很快就熟悉业务,并承担了大量研究所的工作,逐渐成为研究所不可或缺的人物之一。李所长多次在内部会议和客户面前赞许他:"小莫是我们所最年轻的技术骨干,是我们所未来的希望。"年前,李所长更是将他提拔为部门副主管,莫力成了研究所最年轻的中层管理者。就在莫力事业得意之时,让他感到不快的事情发生了。当时,研究所分配到一批福利房,虽然数量有限,但作为研究所最年轻的技术骨干,莫力认为自己很有希望申请到住房,可是最后的结果让他非常失望,那些在研究所工作多年但表现平平的老员工都排在他前面。这一年来,莫力不少老同学的收入大幅提升,而他虽然是研究所的技术骨干,却由于资历较浅,收入非常一般。即使被提拔为部门副主管,莫力收入提高的幅度也非常有限,年终的奖金甚至不如打印室那位在研究所工作了20年的王阿姨。

这天晚上,面临马上要解决终身大事的莫力心中非常困扰。自己努力工作,表现出色,可是依然收入平平,没有住房,一家同行业的民营企业的招聘信息浮现在他脑海中,优厚的薪资和住房条件让他心动不已,在反复思考了一个晚上之后,莫力在第二天向李所长提交了辞职信。

根据本案例材料回答下列问题:

57. (单选题2分)莫力决定离开单位的主要原因是( )。
    A. 莫力不少老同学的收入大幅提升　　B. 虽是技术骨干,收入一般
    C. 付出与回报不相符　　　　　　　　D. 没有分到福利房

58. (单选题2分)根据莫力辞职的原因,从激励理论的角度来看,可以解释为下列理论中的( )。
    A. 期望理论　　　　　　　　　B. 公平理论
    C. 权变理论　　　　　　　　　D. 强化理论

59. (单选题2分)李所长要运用期望理论激励莫力,在考虑激励措施时不包括( )。
    A. 努力和奖赏的关系　　　　　B. 努力和绩效的关系
    C. 绩效和奖赏的关系　　　　　D. 奖赏和个人目标的关系

60. (单选题2分)李所长要挽留莫力,首要考虑的问题是( )。
    A. 安排高难度工作体现莫力的能力　　B. 直接升职
    C. 莫力的需求是什么　　　　　　　　D. 公司实现的目标是什么

61. (单选题2分)该案例说明企业的管理应注重( )。
    A. 新员工的工作态度　　　　　B. 新员工的工作需求
    C. 新老员工的福利待遇　　　　D. 实际工作绩效和报酬的合理性

62. (分析题5分)从需要层次角度分析莫力辞职的原因:自己努力工作,表现出色,可是依然收入平平,没有住房……

经济与管理基础模拟试卷(七)

注意事项：

1. 本卷共 150 分，分为试卷和答题卡两部分，考生必须在答题卡上作答，作答在试卷上无效。
2. 作答前务必将自己的姓名和准考证号准确清晰地填写在试卷和答题卡的指定位置。
3. 考试结束时，须将试卷和答题卡一并交回。

一、单项选择题(本大题共 20 小题，每小题 2 分，共 40 分。其中 1~8 小题为经济学试题，9~20 小题为管理学试题。在每小题列出的四个备选项中只有一个是符合题目要求的，请选出并将答题卡上对应的答案代码涂黑，错涂、多涂或未涂均不得分。)

1. 某种商品的供给斜率为正，其他条件不变，价格上升导致( )。
   A. 供给增加　　　　　　　　B. 供给量增加
   C. 供给下降　　　　　　　　D. 供给量下降

2. 以下是面包市场供求表，则均衡价格为( )。

价格	需求量	供给量
4	135	26
5	104	53
6	81	81
7	68	98

   A. 4　　　　　　　　　　　　B. 5
   C. 6　　　　　　　　　　　　D. 7

3. 下列关于无差异曲线描述中正确的是( )。
   A. 任意两条无差异曲线可以相交
   B. 离原点越远所代表的效用水平越小
   C. 两种商品不同组合在同一条无差异曲线上代表的效用水平相同
   D. 两种商品不同组合在同一条无差异曲线上代表的效用水平不相同

4. "甲之砒霜，乙之蜜糖"指的效用特征是( )。
   A. 效用是客观的　　　　　　B. 效用是主观的
   C. 效用是递减的　　　　　　D. 效用是不变的

5. "久居兰室不闻其香，久居鲍市不闻其臭"，反映的经济规律为( )。

   A. 边际报酬递减规律　　　　B. 边际效用递减规律
   C. 边际替代率递减规律　　　D. 边际技术替代率递减规律

6. 图所示为边际效用曲线 MU，关于点 A，下列说法中正确的是( )。

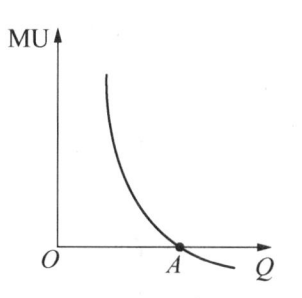

   A. 该点的总效用为负　　　　B. 该点的总效用为零
   C. 该点的总效用达到最大　　D. 该点的总效用开始增加

7. 在完全竞争市场上，厂商短期均衡的条件为( )。
   A. $P=MC$　　B. $P>MC$　　C. $P<MC$　　D. 无法确定

8. 垄断的可能来源包括( )。
   A. 特许权　　B. 专利权　　C. 自然资源独家占有　　D. 以上都是

9. 管理的本质是( )。
   A. 人类有组织的群体活动　　B. 人类管理的一般规律
   C. 有效地实现组织预定的目标　　D. 对参与组织活动的不同对象进行协调

10. 对于相同的理论，相同的原则，相同的手段不同的理解。即使有相同的理解在管理实践中也可能有不同的运用，即使有相同的运用，产生的效果也可能是不一样的。这体现了管理的( )。
    A. 科学性　　B. 艺术性　　C. 自然属性　　D. 社会属性

11. 韦伯认为科层组织体系的权力基础是( )。
    A. 传统型权力　　B. 专家权力　　C. 法理型权力　　D. 个人权力

12. "一个下属人员应接受一个领导人的命令"，如果这条原则被打破，权力将受到损害，纪律将受到危害，秩序将被扰乱，稳定将受到威胁。这个原则是法约尔提出的( )。
    A. 纪律　　B. 统一指挥　　C. 统一领导　　D. 权力和责任

13. 从决策所涉及的问题来看，决策分为程序化决策和非程序化决策，下列属于程序化决策的是( )。
    A. 新产品的研发　　　　　　B. 工资制度的调整
    C. 产品结构的调整　　　　　D. 工人工资的结算

14. 环境分为三个层次：一般或宏观环境、具体或微观环境以及组织内部环境，具体或微观环境包括( )。
    A. 顾客、供应商、竞争者、管制机构、资源分配者选择

— 1 —

B. 顾客、供应商、竞争者、管制机构、战略同盟伙伴
C. 顾客、中间商、竞争者、管制机构、战略同盟伙伴
D. 顾客、中间商、竞争者、管制机构、特殊利益群体

15. PEST分析法是环境分析的常用方法，其中增长率、政府收支及汇率、利率通货膨胀属于( )。
  A. 经济环境   B. 技术环境   C. 政治环境   D. 社会环境

16. 对输出信息进行控制是( )。
  A. 前馈控制   B. 反馈控制   C. 直接控制   D. 现场控制

17. 正式组织中往往存在非正式组织，下面关于非正式组织说法中正确的是( )。
  A. 既然有了正式组织，就不应该有非正式组织
  B. 非正式组织对正式组织有不利的影响，应该取缔非正式组织
  C. 非正式组织能够满足组织成员的需要
  D. 正式组织的优势大于非正式组织的优势

18. 当一个大学生模仿某个老师穿着言语等行为时，该老师对这个大学生的影响力属于( )。
  A. 奖赏权力   B. 强制权力   C. 参照权力   D. 专家权力

19. 在美国汽车市场上，日本汽车公司在美国各大汽车厂商眼皮底下慢慢蚕食了市场份额。当美国汽车公司发现其问题的重要性时，日本汽车公司已经在市场占据一席之地。根据上述情况，美国汽车公司忽视了( )。
  A. 例外原则   B. 有效控制原则
  C. 控制趋势原则   D. 直接控制原则

20. 管理创新是指导管理工作的创新活动。按照创新程度，下列属于破坏创新的是( )。
  A. 管理制度的适度调整   B. 管理方法的合理改进
  C. 企业资源的进一步优化   D. 基于人性假设开发的管理系统

二、判断选择题（本大题共20小题，每小题1分，共20分。其中21~28小题为经济学试题，29~40小题为管理学试题。）

21. 若馒头是低档品，则收入增加，需求量会减少。   ( )
  A. 正确   B. 错误

22. 消费者对某种商品只有购买的欲望而没有购买的能力，可以算作需求。( )
  A. 正确   B. 错误

23. 基数效用论不能推导出需求曲线，序数效用论则可以。   ( )
  A. 正确   B. 错误

24. 相比于客观需求曲线(D)，垄断竞争厂商的主观需求曲线(d)更加陡峭。( )
  A. 正确   B. 错误

25. 在经济萧条时，口红、电影等小额消费品的需求价格弹性较大。( )
  A. 正确   B. 错误

26. 离原点越远的无差异曲线代表的效用水平越低，离原点越近的无差异曲线代表的效用水平越高。   ( )
  A. 正确   B. 错误

27. 寡头垄断市场的进入和退出壁垒可能较高。高进入壁垒可能由多种因素导致，如品牌忠诚度、专利保护、政府监管等；高退出壁垒则可能源于资产专用性、品牌忠诚度等。   ( )
  A. 正确   B. 错误

28. 垄断企业的定价始终高于边际成本。   ( )
  A. 正确   B. 错误

29. 法约尔认为，管理职能由计划、组织、指挥、领导、控制等一系列工作构成。( )
  A. 正确   B. 错误

30. 组织的纠偏措施可以从修订标准、改善工作入手。   ( )
  A. 正确   B. 错误

31. 计划编制的过程包括预测未来情况。   ( )
  A. 正确   B. 错误

32. 一个组织在创立和成长初期，创始人的核心价值观及行为风格自然会直接影响该组织文化的形成。   ( )
  A. 正确   B. 错误

33. 直线制是最早出现的一种组织结构形式。   ( )
  A. 正确   B. 错误

34. 组织规模和管理幅度有关，企业的规模越小，管理幅度也就越小。( )
  A. 正确   B. 错误

35. 组织的物质层文化和组织的精神层文化通过制度层的组织文化融合为一个有机的整体。   ( )
  A. 正确   B. 错误

36. 刚入职的大学生一定是成熟度低的员工。   ( )
  A. 正确   B. 错误

37. 组织领导对员工给予奖励属于职位权力。   ( )

A. 正确　　　　　　　　　　　B. 错误
38. 非正式沟通是组织沟通的重要组成部分，管理者对其应予以重视，注意防止和克服其消极的一面。（　　）
A. 正确　　　　　　　　　　　B. 错误
39. 企业在确定控制标准时，设计者应用统计计算法计算出机械的产出标准。（　　）
A. 正确　　　　　　　　　　　B. 错误
40. 流程创新是对于管理理念和思维本身的根本性改革与创新。（　　）
A. 正确　　　　　　　　　　　B. 错误

三、名词解释（本大题共5小题，每小题4分，共20分。其中41~43小题为经济学试题，44、45小题为管理学试题。）

41. 消费者剩余

42. 边际成本

43. 价格歧视

44. 科层组织

45. 管理幅度

四、简答题（本大题共5小题，每小题8分，共40分。其中46~48小题为经济学试题，49、50小题为管理学试题。）

46. 阐述需求价格弹性的影响因素。

47. 阐述边际报酬递减规律及其条件。

48. 对比寡头市场与垄断竞争市场的异同，举例说明两者在现实经济中的典型行业。

49. 简述波特五力模型分析的因素。

50. 阐述目标管理的过程。

五、案例分析题（本大题共两小题，每题15分，共30分，均为管理学题目。）

案例一

绿源科技是一家专注于环保家居产品的新兴企业，成立5年，主打"智能节水花洒"和"空气净化器"。目前该企业在国内二三线城市占据一定市场份额，计划进军一线城市。以下是该企业现状：拥有专利节水技术（节水率40%）、产品价格比国际品牌低25%；政府补贴环保产品、一线城市消费者环保意识强（调研显示65%愿为环保溢价10%）；品牌知名度低、一线城市分销渠道不足；国际品牌（如飞利浦）已占据一线城市70%市场份额、原材料硅胶价格上涨20%。

根据本案例材料回答下列问题：

51. （单选题2分）绿源科技的核心内部优势是（　　）。
A. 广告投放预算充足　　　　　B. 专利节水技术
C. 一线城市门店数量多　　　　D. 与国际品牌合作

52. （单选题2分）绿源科技进军一线城市的主要内部劣势是（　　）。
A. 产品设计老旧　　　　　　　B. 品牌知名度低
C. 生产成本过高　　　　　　　D. 售后服务差

53. (单选题2分)以下属于绿源科技的外部机会的是( )。
   A. 消费者环保意识增强   B. 国际品牌降价促销
   C. 原材料价格持续上涨   D. 政府限制环保产品补贴

54. (单选题2分)绿源科技面临的最大外部威胁是( )。
   A. 消费者偏好转向传统家电   B. 国际品牌垄断一线市场
   C. 物流运输成本增加   D. 社交媒体负面舆论

55. (单选题2分)绿源科技应优先采取的战略是( )
   A. 大幅降价抢占市场份额   B. 在一线城市开设直营体验店
   C. 减少研发投入压缩成本   D. 与国际品牌合并

56. (分析题5分)请结合SWOT分析法，为绿源科技设计一条进军一线城市的战略方案。

案例二

根据某媒体报道，2013年1月10日，阿里巴巴宣布对集团现有业务架构和组织进行调整，成立了多个新的事业部，具体事业部的业务发展将由各事业部总经理负责。调整之后有7个事业部，分别是淘宝、一淘、天猫、聚划算、阿里国际业务、阿里小企业业务和阿里云，阿里巴巴集团表示此次调整的核心在于确保以电子商务为驱动的新商业生态系统的全面形成，以及适应互联网变革所带来的机遇和挑战，从战略到运营层面为阿里巴巴集团的健康、稳定和可持续发展提供保障。

阿里巴巴集团曾在给员工的邮件中特别提到："阿里提出建设商业生态系统而不是商业帝国的思想已经几年了，几年来的努力让我们更加坚定了这个方向的正确性，但是光有思想是远远不够的，我们需要用人、组织和文化来保证它的成功。本次组织变革也是为了面对未来无线互联网的机会和挑战，同时能够让我们的组织更加灵活地进行协同和创新。"

调整后的事业部具体分工如下：

(1)JP(三丰)分管：共享业务事业部、商家业务事业部、阿里妈妈事业部、一淘及搜索事业部。

(2)XY(逍遥子)分管：天猫事业部、物流事业部、航旅事业部。

(3)ZY(语嫣)分管：类目运营事业部、数字业务事业部、综合业务事业部、消费者门户事业部、互动业务事业部。

(4)YM(东邪)分管：无线事业部、旺旺与客户端事业部、音乐事业部。

(5)JF(行颠)分管：聚划算事业部、本地生活事业部。

(6)ZX(铁木英)分管：数据平台事业部、信息平台事业部、云OS事业部。

(7)WJ分管：阿里云事业部。

(8)PP(傲天)分管：B2B中国事业部。

之后不久，阿里巴巴再次进行组织架构调整，将支付宝拆分成共享平台事业部、金融事业部、国内事业部、国际业务事业部四个部分。

根据本案例材料回答下列问题：

57. (单选题2分)阿里巴巴新设立的组织架构中成立了B2B中国事业部和B2B国际事业部，其事业部划分的依据是( )。
   A. 流程   B. 职能   C. 顾客   D. 地域

58. (单选题2分)阿里巴巴对集团现有业务架构和组织进行调整后，集团高管对下属的协调难度( )。
   A. 降低了   B. 没变化   C. 增加了   D. 不确定

59. (单选题2分)阿里巴巴采取事业部制的优点不包括( )。
   A. 有利于管理者专注于战略规划与决策   B. 有利于培养通才
   C. 通过异质组合实现创新   D. 提高了组织对环境的适应能力

60. (单选题2分)阿里巴巴采取事业部制有可能会产生的后果是( )。
   A 滋生本位主义   B. 损害下属的自主性
   C. 降低决策效率   D. 权责不对等

61. (单选题2分)阿里巴巴成立新事业部后，集团给予了各事业部总经理最大限度的自由，同时提出具体事业部的业务发展将由事业部总经理负责的要求，这体现了组织设计的原则为( )。
   A. 目标一致原则   B. 权责对等原则
   C. 有效管理幅度原则   D. 分工与协作原则

62. (分析题5分)阿里云事业部近期启动了一项名为"星海计划"的战略级项目，旨在为全球企业客户提供多云混合管理平台(支持AWS、Azure、阿里云等多云资源的统一管控)。项目组由跨部门成员组成，项目经理直接向事业部总裁汇报。试分析"星海计划"项目采用的组织结构及该组织结构的优点。

— 4 —

经济与管理基础模拟试卷(八)

注意事项：

1. 本卷共150分，分为试卷和答题卡两部分，考生必须在答题卡上作答，作答在试卷上无效。

2. 作答前务必将自己的姓名和准考证号准确清晰地填写在试卷和答题卡的指定位置。

3. 考试结束时，须将试卷和答题卡一并交回。

一、单项选择题（本大题共20小题，每小题2分，共40分。其中1~8小题为经济学试题，9~20小题为管理学试题。在每小题列出的四个备选项中只有一个是符合题目要求的，请选出并将答题卡上对应的答案代码涂黑，错涂、多涂或未涂均不得分。）

1. 下列能够引起棉服供给量变化的是（　　）。
   A. 棉服的销售价格　　　　　　B. 棉花的销售价格
   C. 棉花产量下降　　　　　　　D. 棉花的产量上升

2. 下列商品的需求价格弹性为缺乏弹性的是（　　）。
   A. 大米　　　　　　　　　　　B. 汽车
   C. 特价机票　　　　　　　　　D. 品牌包包

3. 预算线反映的是（　　）。
   A. 消费者的收入约束　　　　　B. 消费者的偏好
   C. 消费者人数　　　　　　　　D. 货币的购买力

4. 已知厂商产量为50单位时，总成本等于255，产量增加到51单位时，总成本等于260，则边际成本为（　　）。
   A. 15　　　　B. 10　　　　C. 5　　　　D. 2

5. 假设一个厂生产的短期平均成本为78元，平均固定成本为30元，产品的价格为56元，那么在短期内，该厂商应该（　　）。
   A. 停止生产　　　　　　　　　B. 继续生产
   C. 减少固定成本　　　　　　　D. 扩大生产线

6. 根据生产三阶段论，生产处于第二阶段的是（　　）。
   A. 边际产量递增，总产量递增阶段　　B. 边际产量递增，平均产量递增阶段
   C. 边际产量为正，平均产量递减阶段　D. 以上都是

7. 形成垄断竞争市场最基本的条件是（　　）。
   A. 国家授予特权　　　　　　　B. 只有几家厂商
   C. 完全信息　　　　　　　　　D. 产品差异

8. 下列最接近于完全竞争模式的是（　　）。
   A. 飞机制造业　　　　　　　　B. 烟草业
   C. 日用小商品制造业　　　　　D. 汽车制造业

9. 管理的首要原理是（　　）。
   A. 管理的效益原理　　　　　　B. 管理的人本原理
   C. 管理的系统原理　　　　　　D. 管理的适度原理

10. 某公司总经理要求下属人员都按他的要求工作，而副总经理也这样要求下属，结果下属不知如何是好。这个问题出在（　　）。
    A. 总经理与副总经理不信任下属
    B. 总经理与副总经理不知道这种做法的坏处
    C. 总经理与副总经理违背统一指挥原则
    D. 总经理与副总经理有矛盾

11. 李乐工作能力强，但缺乏上进心。根据领导情境模型，对他应采取的领导行为是（　　）。
    A. 告知　　　　B. 授权　　　　C. 参与　　　　D. 推销

12. 时下流行一首顺口溜："你把我当人看，我就把我当牛干；你把我当牛看，我就什么也不干。"这首顺口溜反映了职工的（　　）。
    A. 自我实现需要　　　　　　　B. 安全需要
    C. 尊重需要　　　　　　　　　D. 生理需要

13. 费德勒发现成功企业的组织结构是与战略相适应的，如果保持在单一领域、单一行业内发展组织，则偏向于集权的（　　）；如果企业进行多元化经营，则采用分权的（　　）。
    A. 职能结构；事业部结构　　　B. 事业部结构；职能结构
    C. 职能结构；动态网络组织　　D. 矩阵制结构；事业部结构

14. 每当孩子成绩有所提升的时候，父母就会送他一份小礼物，这是（　　）。
    A. 正强化　　　B. 负强化　　　C. 惩罚　　　D. 自然消退

15. 为了防止问题的发生而在企业生产经营活动开始前进行的控制是（　　）。
    A. 前馈控制　　B. 现场控制　　C. 事后控制　　D. 反馈控制

16. 提出适用于任何组织的十四条管理原则的管理学家是（　　）。
    A. 法约尔　　　B. 泰勒　　　　C. 梅奥　　　　D. 韦伯

17. 下列理论与激励无关的是（　　）。
    A. 需要层次理论　　　　　　　B. 双因素理论

C. 期望理论 D. 权变理论

18. 根据组织设计的影响因素，下列描述中正确的是(　　)。
   A. 集权化、规范化对于大批量生产组织比较合适
   B. 费德勒认为企业战略应该服从于企业组织结构
   C. 组织生命周期理论认为，组织的生成阶段往往采用有机式组织
   D. 当外部环境较为稳定时，组织为提高运行效率，往往采用有机式组织

19. 随着组织规模的不断扩大，某集团成立了海外子公司，实行"集中决策，分散经营"的经营策略。该集团采用的组织结构是(　　)。
   A. 直线制组织结构 B. 矩阵制组织结构
   C. 事业部制组织结构 D. 动态网络型结构

20. 决策者虽不能准确预测每一备选方案的结果，但却因拥有充分的信息而能预告各备选方案及其结果发生的可能性。该类决策类型是(　　)。
   A. 确定型决策 B. 程序性决策
   C. 风险性决策 D. 不确定性决策

二、判断选择题（本大题共20小题，每小题1分，共20分。其中21~28小题为经济学试题，29~40小题为管理学试题。）

21. 供给曲线左移，对于同样价格，生产者提供的产品数量增加。（　　）
   A. 正确 B. 错误

22. 均衡价格是通过市场供求关系自发调节而形成的。（　　）
   A. 正确 B. 错误

23. 可以用边际效用递减规律解释需求定理。（　　）
   A. 正确 B. 错误

24. 当完全竞争厂商利润最大化时，需满足 MR＝MC。（　　）
   A. 正确 B. 错误

25. 短期生产中一个厂商追求利润最大化，那么它不会在亏损状态维持运营。（　　）
   A. 正确 B. 错误

26. 寡头企业在任何情况下都是盈利的。（　　）
   A. 正确 B. 错误

27. 在寡头垄断市场中，价格决定相对复杂。每个卖家在决定价格时需要考虑其他卖家的反应和其他可能影响价格的因素。因此，价格通常是经过多方博弈和协商后确定的。（　　）
   A. 正确 B. 错误

28. 完全竞争市场厂商的边际收益等于市场价格。（　　）
   A. 正确 B. 错误

29. 在管理活动中存在许多相互矛盾的选择，因此管理者应该考虑在如何平衡这些关系中进行抉择。这是管理的适度原理的运用。（　　）
   A. 正确 B. 错误

30. 老师针对学生家中有事请假的决策是程序化决策。（　　）
   A. 正确 B. 错误

31. 韦伯认为权力的类型可分为传统型权力、个人魅力型权力、法理型权力。（　　）
   A. 正确 B. 错误

32. 根据计划对企业经营范围影响程度和影响时间长短的不同，可以将计划分为长期计划、中期计划和短期计划。（　　）
   A. 正确 B. 错误

33. 根据马斯洛的需要层次理论可以针对人在某个阶段的主导需求进行激励。（　　）
   A. 正确 B. 错误

34. 按照控制的进程不同，可将控制分为前馈控制、现场控制和反馈控制三种类型。（　　）
   A. 正确 B. 错误

35. 管理同时具有科学性和艺术性。（　　）
   A. 正确 B. 错误

36. 目标管理的过程可以分为目标的制定与展开阶段和成果评价阶段两个阶段。（　　）
   A. 正确 B. 错误

37. 事业部制组织结构有利于培养全能型管理人才。（　　）
   A. 正确 B. 错误

38. 言语沟通是指使用正式语言符号的沟通，一般分为口头沟通和符号沟通两种。（　　）
   A. 正确 B. 错误

39. 有效沟通可以降低管理的模糊性，提高管理的效能。（　　）
   A. 正确 B. 错误

40. 控制是一个环节。（　　）
   A. 正确 B. 错误

三、名词解释（本大题共5小题，每小题4分，共20分。其中41~43小题为经济学试题，44、45小题为管理学试题。）

41. 均衡价格

42. 总效用

43. 企业

44. 集权

45. 破坏性创新

四、简答题(本大题共5小题,每小题8分,共40分。其中46~48小题为经济学试题,49、50小题为管理学试题。)

46. 列举影响供给量的其他因素,并解释"生产技术改进"如何影响市场供给。

47. 解释短期生产中"边际报酬递减规律",并说明其成立的前提条件。

48. 简述垄断市场的形成原因,举例说明"专利保护"如何导致垄断。

49. 简述计划的编制过程。

50. 简述法约尔有效管理的14条原则。

五、案例分析题(本大题共两小题,每题15分,共30分,均为管理学题目。)

案例一

华新科技公司市场部经理李强计划推行目标管理。他召开部门会议,邀请员工共同讨论制定年度目标,最终确定"客户满意度提升至90%,销售额同比增长20%"的总目标。李强将目标分解到个人:销售组小王需开发10个新客户,客服组小林需优化服务流程。执行过程中,小王自主安排每周客户拜访计划,小林则通过数据分析改进服务话术。季度末,李强根据目标完成情况考核绩效,对超额完成目标的小王发放奖金,未达标的小林则接受辅导。小王拿到奖金后,内心更是干劲十足。

根据本案例材料回答下列问题:

51. (单选题2分) 李强让员工参与目标制定过程,主要体现了目标管理的特征为( )。

A. 员工参与   B. 自我控制
C. 成果导向   D. 目标体现

52. (单选题2分) 将总目标分解为"开发10个新客户"属于目标管理过程的( )。

A. 目标制定阶段   B. 目标实施阶段
C. 成果评价阶段   D. 目标调整阶段

53. (单选题2分) 小王自主安排客户拜访计划,体现了目标管理中的核心特征为( )。

A. 员工参与   B. 自我控制
C. 成果导向   D. 目标分解

54. (单选题2分) 季度末的绩效考核属于目标管理过程的( )。

A. 目标制定阶段   B. 目标实施阶段
C. 成果评价阶段   D. 目标反馈阶段

55. (单选题2分) 以下不符合目标管理的特征的是( )。

A. 小林根据数据自主优化服务流程   B. 考核时重点关注销售额达成率
C. 李强单方面制定部门目标后下达   D. 目标包含具体的客户满意度数值

56. (分析题5分) 季度末,李强根据目标完成情况考核绩效,对超额完成目标的小王发放奖金,未达标的小林则接受辅导。小王拿到奖金后,内心更是干劲十足。请用公平理论分析小王的内心活动。

案例二

日本某工业总公司的创始人和总经理山田习惯在下班前把办公桌清理一下,把没干完的工作装进包里带回家做。他以对人粗暴而闻名,看见员工做得不对,立刻就会发怒。工作中虽没有做错但没有创新的人,也会遭到责骂。但事后山田会反省,并向员工解释发怒的原因。公司员工并不讨厌山田,因为他们佩服他的表率作用。山田都是自己率先去干棘手的事、艰苦的活儿,亲自做示范无声地告诉员工:你们也要这样干。例如,为了一笔出口生意,山田在一家餐馆里招待外国商人,外国商人在洗手间不小心将金牙掉进了马桶中,山田二话没说,挽起袖子帮助客人捞出金牙,并当场嘱咐员工对金牙做消毒处理后还给客人。外国商人被山田的行为深深打动,当场就签订了合同。

美国女企业家玛丽在这个问题上更有自己独到的见解。她认为称职的经理必须以身作则,领导的速度就是众人的速度。例如,所有美容顾问都必须对自己的生产线了如指掌,这项工作并不复杂,它只是一个学习和亲身实践的过程。另外,一个销售主任自己必须是商品专家,这才能说服其他美容顾问成为商品专家,一个不熟知商品知识的销售主任是无法开好销售会议的。她说:"我相信我们公司的情况也同其他公司一样,一个称职的经理是任何人也替代不了的。遗憾的是,许多为了晋升到经理层而努力工作的人真的当上经理后,身上却滋长出了严重的官气。在我们公司里,有些人当上销售主任后,就不再亲自举办化妆品展销会了。他们围着办公桌转,似乎再也结识不到适合当美容顾问的人了,他们甚至不知道这是为什么!另外,一旦不再亲自举办化妆品展销会,也就不再能以实际行动激励部下那样做了,经理不仅应在工作习惯方面,也应在衣着打扮方面为员工树立一个好榜样。经理形象是十分重要的,我只在自己的形象极佳时才肯接待光临我家的客人。我认为自己是一家化妆品公司的创始人,必须给人留下好印象。我甚至不得不限制自己最喜爱的消遣方式:养花。因为要是让我们公司的人看见我身上沾满了泥浆,那多不好。我的这些做法已被传扬出去了。有人告诉我,我们的全国销售主任中有许多人在学着我的样子,穿得十分干净,成了各自地区成千上万的美容顾问在穿着方面效仿的榜样。人们往往模仿经理,不管经理的习惯和修养是好还是坏。假如一个经理常常迟到、吃完午饭后迟迟不回到办公室,打私人电话没完没了,不时因喝咖啡而中断工作,一天到晚眼睛老盯着墙上的挂钟,那么,他的部下大概也

会如法炮制。值得庆幸的是,员工们也会仿一个经理的好习惯。例如,我喜欢当天事当天了。尽管我从未要求过我的助手们也这样做,但是她们现在每天下班时,也会把没有干完的工作带回家做。作为一个经理,你重任在肩。你的职位越高,越应重视给人留下良好的印象。因为经理总是处于众目睽睽之下,所以你在采取行动时务必要考虑到这一点。以身作则吧!过不了多久,你的部下就会照着你的样子去做。

根据本案例材料回答下列问题:

57. (单选题2分)山田和玛丽的管理风格与理念说明(　　)。
A. 管理既是一门科学,又是一门艺术
B. 管理主要是人与人之间的关系和活动
C. 管理必须根据管理的条件和环境随机应变
D. 以上说法都正确

58. (单选题2分)山田和玛丽都非常注重开发和运用(　　)。
A. 个人权力　　　　　　　　B. 职位权力
C. 职位权力和个人权力　　　D. 职能权力

59. (单选题2分)山田以对人粗暴而闻名,但很多年轻的员工佩服他的主要原因是(　　)。
A. 山田一般是不知不觉对员工动手的
B. 山田是公司的创始人
C. 山田责打员工事后会反省并解释
D. 山田都是自己率先去干棘手的事,亲自做示范

60. (单选题2分)玛丽认为一个称职的经理应具备的基本素质是(　　)。
A. 良好的工作习惯和修养　　B. 熟知专门知识
C. 良好的外部形象　　　　　D. 以上三方面必须同时具备

61. (单选题2分)山田和玛丽的实践主要体现的管理理论是(　　)。
A. 领导行为理论　　　　　　B. 领导特质理论
C. 领导权变理论　　　　　　D. 领导要素理论

62. (分析题5分)山田和玛丽想要创设对他们有利的领导情境,要从哪些方面入手?要创设哪些有利情境?